好想法

寶鼎出版

好想法

寶鼎出版

5分鐘商學院

個人篇

人人都是自己的CEO

劉潤 著

目錄 CONTENT

第四章 學習能力

第五章 思考能力

第六章 邏輯思維

第三篇

第七章 談判能力

第八章 演講能力

第九章 溝通能力

第四篇

第十章 情感能力

第十一章 創新能力

第十二章 領導能力

各界好評

「現代的商學知識愈來愈博大精深，每一個領域的快速發展給人莫測高深的感覺，本書以高度濃縮的精髓呈現，提供給忙碌的現代人快速吸收的絕佳管道。」

——**洪順慶** 國立政治大學商學院企業管理系教授

「收到劉潤《5分鐘商學院．商業篇》的時候，我正在飛往東京旅行的行程中，只是隨手翻翻，沒想到五天內竟把整本看完，對於一位大學、研究所都唸商管學院的我而言，無疑是一本最佳的商業指南，短小精幹、切中要點、提綱挈領、深入淺出。擔任職業企管講師十二年，錄製過無數商管書籍導讀與個人職涯管理心法；且擔任廣播主持人六年餘，訪問過無數職場前輩與佼佼者，這本《5分鐘商學院．個人篇》更是菁英智慧的濃縮，布滿荊棘的職場道路前進與指引的必備好書。」

——**謝文憲** 知名講師、作家、主持人

「我在中國的很多商學院講過課，中國的商學教育這些年取得了很大成績，但也有美中不足：占用大家大量的時間，學費還特別貴。所以我在想，能不能有這樣一個產品，能用一盒月餅的錢，把商學院的知識濃縮在每天的服務中提供給你，我覺得這是可以造福很多人的一件事情。近來，這個想法被我的朋友劉潤實現了。劉潤之前是百度、海爾這樣大企業的戰略顧問，他的商學功底和實戰經驗，做這件事非常合適。希望你立刻加入劉潤的《5分鐘商學院》，讓我們一起成長！」

——**吳曉波** 著名財經作家、「吳曉波頻道」創始人

「我有一個願望，科技不再是奢侈品，每個人都能買得起，每個人都能享受到科技的樂趣。於是，經過一段時間的努力，市場上就有了高性價比的小米手機。現在，我的朋友劉潤也有一個同樣的夢想，他希望辦一個商學院，每個人都能上得起，每天只要花五毛錢，就可以學到實用的商學院知識。於是，他做了高性價比的《5分鐘商學院》。劉潤本人曾經寫過分析小米的書，非常深刻到位，同樣，他對商業的理解也非常透徹。讓我們一起，從《5分鐘商學院》開始，共同成長。」

——**雷軍** 小米創始人、董事長兼 CEO

「劉潤的訂閱專欄《5分鐘商學院》上線三個月，就突破了五萬訂閱用戶。他花了很大的力氣，把經典的商業概念和管理方法用大家都聽得懂的語言講出來，而且很多方法都是聽完就直接用得上的招式。堅持聽下來，每天五分鐘，就等於足不出戶上了一所商學院。很多人都在稱讚他的商業功底，我從他身上學到的倒是——什麼方法也比不過建設性的行動力。」

——**羅振宇** 羅輯思維和「得到」App創始人

第 1 篇

PART ONE

第一章 高效能人士的習慣

你可能連杯子都要換掉——**思維轉換**

獨立是不成熟的表現——**成熟模式圖**

別讓消極把你拉入海底——**主動積極**

別把追求成功的梯子搭錯了牆——**以終為始**

我不忙，我只是時間不夠——**要事第一**

你我都要贏，否則就別幹——**雙贏思維**

先理解別人，再被別人理解——**知彼解己**

太棒了，居然還可以這樣——**統合綜效**

把優秀變成一種習慣——**不斷更新**

從狹窄的百分之五跨到廣闊的百分之九十五——**習慣**

1 你可能連杯子都要換掉——思維轉換

如果只想發生較小的變化，專注於自己的態度和行為就可以；但如果想發生實質性的變化，就需要思維轉換，改變理解世界的方式。

如果說「商業篇」聚焦的是我們與外部的關係，「管理篇」聚焦的是我們與內部的關係，那麼「個人篇」則聚焦於我們與自己的關係。

網上流傳一個故事：大英圖書館建了一幢漂亮的新樓，準備整體搬遷過去。但是由於圖書太多，搬遷的工作量巨大，花費也十分驚人，據估算要三百五十萬美元。這讓圖書館館長傷透了腦筋：怎樣才能用盡量少的錢，把海量的圖書搬到新館去呢？僱用更便宜的人力嗎？或者發動所有員工及其家屬？抑或是要求新館建設者來承擔這個義務？

都不現實。在「搬書」這個固有的思維模式下，可能很難找到更好的方案了。這個時候，需要一次「思維轉換」。

有位年輕人對館長說：「我來幫你搬書，只要一百五十萬美元。」年輕人在報紙上刊登了一則消息：從即日起，大英圖書館向市民提供免費、無限量的借閱圖書服務，條件是從舊館借出，還到新館去……年輕人把「搬書」的思維模式，轉換為「還書」的思維模式，結果花了不到一半的錢，就完成了看似不可能完成的任務，自己也因此成為百萬富翁。

這就是思維轉換。每個人都在以自己的理解力和經歷，構建思維模式，然後再用這個思維模式去理解世界。**思維轉換，就是改變人們理解世界的方式**。

如果我們只想發生較小的變化，專注於自己的態度和行為就可以了，比如把杯子倒空；但如果想發生實質性的變化，那就需要思維轉換，可能連杯子都要換掉。

再舉個例子，週日清晨，紐約地鐵上，乘客們安靜的坐著。這時上來了一個男人，他帶著幾個孩子，孩子們一上來就四處奔跑，撒野作怪。男人坐在一旁，就像沒看見一樣。乘客們非常不滿，終於有一個乘客忍無可忍，對這個男人說：「先生，可否請您管管您的孩子？」

故事講到這裡先暫停一下，我們不妨問問自己：讓人忍無可忍的思維模式是什麼？是「每個野孩子背後，一定有一個冷漠的家長」嗎？

男人抬起頭來，如夢初醒般輕聲說：「是啊，我是該管管他們了。他們的母親一小時前剛剛去世，我們剛從醫院出來。我手足無措，孩子們大概也一樣。」

這不是虛構的故事，而是《與成功有約：高效能人士的七個習慣》（*The 7 Habits of Highly Effective People*）的作者史蒂芬・柯維（Stephen R. Covey）的親身經歷。史蒂芬的書賣了近三千萬冊，他本人也被評為「對美國影響最大的二十五個人」之一。他說自己聽到男人的回答後，瞬間怒氣全消，非常自責，憐憫之情油然而生：「啊，原來您的夫人剛剛去世？我感到很抱歉！我能為您做些什麼？」

有時候，錯的不是世界，而是你理解世界的思維模式。所以，在學習「個人篇」之前，請先打開自己也許已經生鏽的思維轉換的開關。具體該怎麼做？我有以下幾點建議。

第一，多讀書，多交友，多旅行。

每本書都是一套思維模式。讀的書愈多，就愈能理解不同的思維模式，愈有助於打開思維轉換的開關。建議大家每年至少讀二十本書，並做筆記。有志氣的人，可以考慮讀五十本以上。

每個人都有自己的一套思維模式。認識的人愈多，就愈能理解自己思維模式的侷限性。我建議大家不要獨自吃午餐，只要名單上還有人，一個人吃午餐就是可恥的，因為你損失了理解別人思維模式的機會。

旅行也能帶來巨大的幫助。有一次，我在美國商場裡買東西，選了一件標價八十三美元的商品。我拿了一張一百美元和三張一美元，一共一〇三美元，遞給售貨員。售貨員一臉茫然的把三美元還給我，說「不需要」，接著把商品遞給我，說「八十三」，然後一張張鈔的數給我：九十七、九十八、九十九、一百！

我立刻理解了她的思維模式：你給我一百美元，我連商品帶找錢，加在一起還你一百美元。而我的思維模式是：我給你一〇三美元，商品標價八十三美元，前後相減，你要找給我二十美元。她不理解我的思維模式，我也沒用過她的思維模式，但我們各自幸福的生活了幾十年。

第二，把自己的腳放進別人的鞋子裡。

美國作家瑞蒙．卡佛（Raymond Carver）寫過一篇短篇小說〈請你為我想一想〉（*Put Yourself in My Shoes*），說的是一種設身處地替別人著想，感同身受的思維方式。其實，每次爭論都是特別好的練習思維轉換的機會，試著用對方的觀點說服自己。

張偉俊是中國第一位私人董事會教練。有一次，他受邀主持了一場企業家辯論會。那些企業家平時在自己公司裡都是說一不二的，誰肯服誰？結果大家愈辯論愈激動，差點兒就要打起來了。張偉俊立刻叫停，讓大家交換觀點後繼續辯論。當時所有人都傻了，稍微停頓之後，大家又唇槍舌劍起來，站在對方的角度自圓其說。這場辯論對在場的幾百位企業家來說，都是深刻的一課。把自己的腳放進別人的鞋子裡，你才會真正弄清楚，之前捍衛的到底是自己的觀點，還是自己的尊嚴。

KEYPOINT

思維轉換

思維轉換，就是改變人們理解世界的方式。怎樣才能打開思維轉換的開關？有兩條建議：第一，多讀書，多交友，多旅行；第二，把自己的腳放進別人的鞋子裡。

2 獨立是不成熟的表現——成熟模式圖

主動積極、以終為始、要事第一，幫我們實現個人成功；雙贏思維、知彼解己、統合綜效，能實現公眾成功；不斷更新，則可以讓自己變得愈來愈成熟。

一個業務在公司做了好多年，跟某大型中央管理企業（以下簡稱「央企」）客戶的採購部負責人關係特別好。有一天，這位採購部負責人建議業務：「你幹麼不自己出來創業？我把我的訂單都給你做。」業務聽了非常心動，毅然辭職，然後真的接到了幾筆訂單，小生意做得還不錯。可是沒過多久，採購部負責人調動職位，新任總經理上任後，訂單立刻沒有了。業務很痛苦，到處尋找新客戶，但是因為產品和服務都沒有突出優勢，四處碰壁。最後，這家「關係型公司」關門大吉，業務也只得重新回去打工。

再說央企採購部的新任總經理，他覺得把錢給其他公司賺很不值得，於是自己成立了很多子公司，生產各種配件和原材料，專門供給央企。除此之外，他還自建了餐廳、幼稚園、醫院、宿舍等，甚至連菜地都有，形成了一個「城市型公司」。然而，他很快就發現，每個子公司供貨的質量和價格都不如從外面採購的，成本直線上升，央企不但沒有賺到更多錢，利潤反而直線下降。董事會幾經討論，最終決定開除這位總經理。

顯然，「關係型公司」和「城市型公司」都有問題。但究竟是什麼問題呢？是業務樂觀估計了客戶採購部負責人的任期，還是新任總經理沒有對子公司做好績效考核？其實，他們倆有一個共同的問題——不成熟。

什麼是成熟？

先來舉個例子：有人說，人類都是早產兒。剛出生的小馬很快就能站起來，抖動幾下身體就能走了，但是人類的嬰兒要「七坐八爬」，一歲才會走路，然後在父母的呵護、撫養、教育下，一點點成長。大學畢業之前，我們基本不具備獨立生存的能力，離開衣食父母幾乎無法生活。這個階段叫作「依賴期」。

大學畢業後，我們迫不及待的遠離家鄉，恨不得走得愈遠愈好。就算與父母在同一個城市，也會想方設法的擺脫他們，獨自租房子住。我們為拿到第一個月的薪水激動不已，因為這意味著我們獨立了！我們相信，只有拋棄枴杖，破釜沉舟，依靠自己，才能贏得最後的勝利。雖然比依賴更辛苦，但我們知道，獨立才是成功之路，什麼事情都得自己去做。這個階段叫作「獨立期」。

然而接下來，很快就遇到了「瓶頸」。我們漸漸發現自己能做的事情終究有限，開始從害怕依賴別人，到嘗試和別人合作，甚至把後背交給值得信賴的戰友。於是，一群並不完美但各有優勢的人彼此合作，終於成就了一番真正的事業。這個階段叫作「互賴期」。

依賴顯然不成熟，獨立其實也不成熟。**只有基於彼此優勢的互相依賴，才是真正的成熟。**

回到案例中來，關係型公司是「依賴型不成熟」的典型，它嚴重的單方面依賴對方，依靠對方提供衣食來源。城市型公司則是「獨立型不成熟」的典型，它極端的恐懼依賴外部，希望完全靠自己，自給自足。

如何才能走向真正成熟的互相依賴呢？史蒂芬・柯維在《高效能人士的七個習慣》中提到走向真正成熟的方法論——成熟模式圖，即從依賴期到獨立期，最終達到互賴期的兩個階段和七個習慣。

第一，從依賴到獨立的「個人成功」階段。

史蒂芬認為，有三個習慣有助於實現獨立：主動積極，就是從「我不得不做」，變成「我想做」；以終為始，就是「先在腦海中構建未來，才可能在現實中實現未來」；要事第一，就是「多做重要的事情，就會減少緊急的事情」。

第二，從獨立的「個人成功」到互相依賴的「公眾成功」階段。

史蒂芬認為，有另外三個習慣有助於實現互相依賴：雙贏思維，就是「只有我成功不夠，你也要成功」；知彼解己，就是「比被別人理解更重要的，是理解別人」；統合綜效，就是「你相不相信可以和競爭對手共贏」。

除了以上六個習慣，第七個習慣則是「不斷更新」。習慣的形成不是一蹴而就的，需要不斷練習，才能更加成熟。

《高效能人士的七個習慣》是我讀過的一本好書，也是我參加過的最好的一次培訓，史蒂芬影響了我的一生。從下一節開始，我將克制自己的激動，仔細的逐一剖析這七個習慣，希望能對大家有同樣的幫助。

KEYPOINT

成熟模式圖

成熟模式圖包括從依賴期到獨立期，最終達到互賴期的兩個階段和七個習慣。主動積極、以終為始、要事第一，這三個習慣幫助我們到達獨立的「個人成功」階段。雙贏思維、知彼解己、統合綜效，這三個習慣幫助我們到達互相依賴的「公眾成功」階段。而「不斷更新」的習慣能幫助我們磨礪前六個習慣，讓自己變得愈來愈成熟。

3 別讓消極把你拉入海底——主動積極

不把責任推卸給基因、命運、環境等因素，用「選擇的自由」對自己負全責。
這是從依賴期走向獨立期需養成的最重要的習慣。

在日常生活中，我們可能都聽到過這樣的話：

我就是這樣做事的……

某某簡直把我氣瘋了……

我根本沒有時間……

要是妻子能更有耐心一點就好了……

我只能這樣……

有的人或許會意識到，這些話都很消極。誰都知道消極不好，但是生活中為什麼會有這麼多消極的情緒呢？是因為「現實太殘酷」嗎？其實，這個回答本身也很消極。有的人可能會反駁：「說事實也算消極嗎？我確實就是這種做事風格，某某確實讓我怒不可遏，時間確實不夠用，妻子確實不耐心，我確實無能為力……如果積極就是讓人假裝開心，那麼我辦不到。」然而，這些真的是事實嗎？也許某某惹人生氣是事實，時間緊張是事實，妻子不耐心也是事實，但是這些事實讓人沒有選擇而不得不這麼做，卻未必是事實。這是推卸責任的「環境決定論」：我沒有責任，責任在別人，是基因、命運、環境等決定了現狀，我別無選擇。

真的別無選擇嗎？

「二戰」期間，一位猶太裔心理學家維克多・弗蘭克（Viktor Emil Frankl）被關進了納粹集中營。當時，關進納粹集中營就意味著死刑。弗蘭克非常痛苦。很多猶太人和弗蘭克一樣受盡煎熬，他們逐漸從對「為什麼」的憤怒和恐懼，變成消極接受「這就是命」，最終精神徹底崩潰，死在集中營裡。在必死面前，應該算是沒有選擇了吧？然而弗蘭克看到，另一些人不但活了下來，而且變得更堅強，他們居然每天用玻璃片把鬍子刮乾淨，高貴的面對苦難。弗蘭克深受感染，他決定選擇積極的生活態度，做些力所能及的事情，甚至唱歌、舉辦活動，和集中營裡的囚徒們一起渡過難關。

戰爭終於結束，弗蘭克走出了地獄。他寫了一本著名的書《活出意義來》

（*Man's Search for Meaning*），在書中說：**選擇態度的自由，是人可以擁有的最後一項自由。**

消極，是把苦難的責任推卸給外界，然後怨天尤人，尋找心理宣洩，對現實沒有任何幫助。消極，是在抱怨中屈服於困難。消極，就像一塊巨石，把人一直往下拉，直至沉入海底。

史蒂芬・柯維說，從依賴期走向獨立期，第一個必須培養的，也是最重要的習慣，就是「主動積極」。主動積極，就是從環境決定論者手中奪回選擇權，哪怕看上去多麼不可能的事情，也要相信只要做出積極的、微小的改變，就能讓其慢慢浮出水面，游向岸邊。

怎樣才能不受外部環境或別人的左右，積極獲得主動權呢？史蒂芬在書中介紹了三個方法。

第一，在刺激和回應之間，給自己思考的時間。

當別人提了一個大膽的提案，你脫口而出「不可能」，那麼，別人的提案就是個刺激，而你的回應是「不可能」。真的不可能嗎？先別著急下定論，至少在刺激和回應之間，給自己三十秒時間想一想。別小看這短短的三十秒，它能幫你從情緒手中一把奪回選擇權，然後交給理性和價值觀。

第二，用積極的語言替代消極的語言。

語言代表心聲。當一個人說「我就是這樣做事」的時候，他心裡其實在想：我這輩子也改不了了。這麼做，就是把「改不了」的責任推卸給命運。試著用積極的語言替代消極的語言，比如，可以說：「我能夠選擇不同的做事風格。」再比如，當一個人說「他把我氣瘋了」的時候，心裡其實在想：這是他的責任，是他控制了我的情緒——把自己「控制情緒」的責任推卸給別人。這時不妨試著說：「我可以控制自己的情緒。」

第三，減小關注圈，擴大影響圈。

有的人關心自己的事業、健康，甚至世界局勢，這是他的「關注圈」。但是，關注圈中

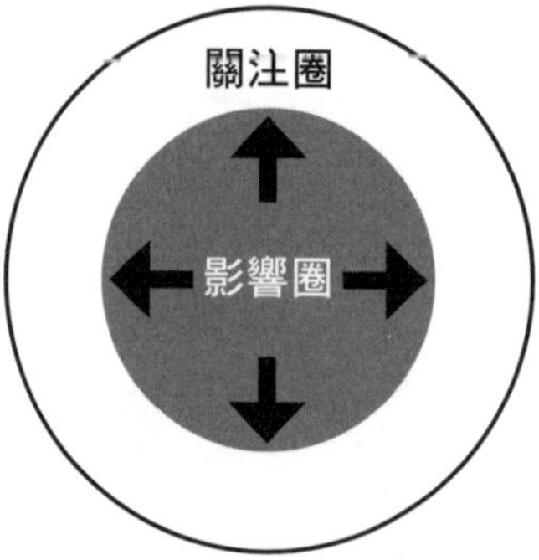

積極能量擴大了影響圈

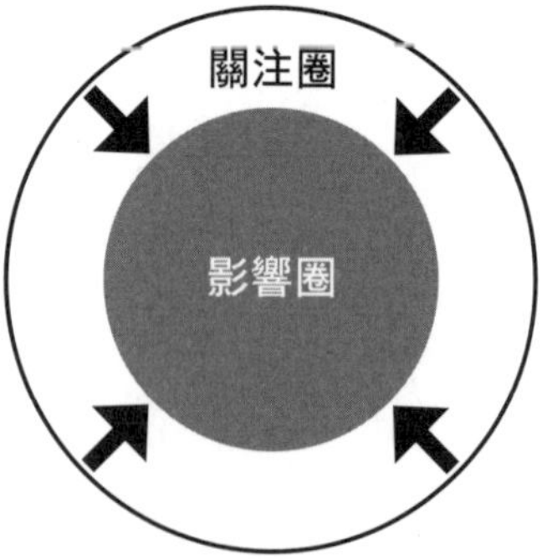

消極能量縮小了影響圈

的有些事情是個人無法影響的，比如他決定不了誰當選美國總統。而關注圈中那些個人可以影響和控制的小圈子，就叫作「影響圈」。

個人怎麼才能主動積極，把自己的時間和精力聚焦到影響圈上呢？比如：你不能影響上海的房價，但是可以增加個人能力、賺更多錢；你不能影響老闆的壞脾氣，但是可以學習向上管理、增強有效溝通；你不能把一天變成二十五小時，但是可以加強時間管理，拒絕不重要、不緊急的事情。

KEYPOINT

主動積極

主動積極，是一個人從依賴期走向獨立期要養成的最重要的習慣。不把責任推卸給基因、命運、環境等因素，用「選擇的自由」對自己負全責。怎麼做？第一，在刺激和回應之間，給自己思考的時間；第二，用積極的語言替代消極的語言；第三，減小關注圈，擴大影響圈。

4 別把追求成功的梯子搭錯了牆——以終為始

心中一定要有「終」，才知道應該怎麼「始」。要確定目標、堅持原則、做好計畫。

我曾問《劉潤．5分鐘商學院》的學員們一個問題：是什麼吸引大家願意付費訂閱，更重要的是，願意付出時間，一路跟隨我學習呢？是課程的名字起得好，還是因為有雷軍、吳曉波的推薦背書？

後台留言中，很多學員說自己之所以會毫不猶豫的訂閱，都是因為被那張體系完整、結構清晰的全年課表吸引。有了課表，他們就能明確的知道，一年認真的學下來到底可以收穫什麼，「因為能看到一年之後結束的樣子，所以我願意從今天開始」。

這就是史蒂芬．柯維在《高效能人士的七個習慣》中總結的，從依賴期到獨立期，需要養成的第二個習慣——以終為始。

什麼是以終為始？

想像一下，假如你需要建造一幢大樓，你會怎麼開始？喊著「兄弟們，跟我上」的口號，幹起來再說，這顯然不行。蓋大樓，一定要先設計：基礎設計、主體設計、外牆設計、景觀設計、室內設計；接著，根據設計出建築施工圖、結構施工圖、設備施工圖等；最後，拿著圖紙開幹。

心中一定要有「終」，才知道應該怎麼「始」，這就是以終為始。要先通過基於心智的第一次創造，設計出大樓——也就是「終」，然後才能通過基於實際的第二次創造，從「始」出發，建造出大樓。第一次創造的「終」，是第二次創造的「始」，這就是以終為始。

怎樣才能養成以終為始的習慣，成為自己的第一次創造者呢？要注意三件事。

第一，確定目標。

有一個故事：三隻獵犬追一隻土撥鼠，土撥鼠鑽進了樹洞。樹洞只有一個出口。突然，從樹洞裡鑽出一隻兔子，飛快的爬上一棵大樹。兔子在樹枝上沒站穩，掉下來砸暈了正仰頭看的三隻獵犬。最後，兔子逃脫了。

這個故事有什麼問題嗎？

有人說：兔子不會爬樹。有人說：一隻兔子不可能同時砸暈三隻獵犬。這些都是好問題，但是有沒有人注意到：土撥鼠哪裡去了？

土撥鼠就是目標。**很多人面對複雜的環境，常常迷失了自己的目標。**

對個人而言，人生的使命是什麼？對企業而言，公司的願景是什麼？對專案而言，成功的標準是什麼？成為第一次創造者，第一步就是要確定自己的目標，然後才能堅定的追尋目標。

第二，堅持原則。

確定目標之後，還需要有一些基本的原則。經常有學員給我留言：「劉老師，您講得非常好，但能不能把五分鐘延長到二十分鐘呢？我每天跑步二十分鐘，正好聽完。」我知道，如果真的把課程改成二十分鐘，一定還會有學員給我留言：「我每天一邊刷牙一邊聽，還是改回五分鐘吧！」《劉潤．5分鐘商學院》有自己的原則，即用最少的時間幫學員掌握最透徹的知識。

王石也是一個很有原則的人。在攀登珠穆朗瑪峰時，他常常一個人坐在帳篷裡，積蓄體力。隊友招呼他出來看美景，他說：「外面的景色很美，但我更想到達山頂。」

第三，做好計畫。

一九一一年，英國的史考特（Robert Falcon Scott）和挪威的阿蒙森（Roald Amundsen）展開了一場比拚，較量「誰是第一個到達南極點的人」。最後的結果是，阿蒙森勝出。

阿蒙森贏在計畫：首先，他準備了充足的物資。五個人的團隊，準備了三噸的物資（史考特團隊有十七個人，只準備了一噸物資）。其次，他做了充分的研究。在去南極之前，專門跟因紐特人（Inuit）住了很長一段時間；選擇用狗來運輸物資，因為狗不會出汗（史考特團隊用馬拉物資，馬跑起來就開始出汗，結果被凍住了）；不管天氣如何，堅持每天前進三十公里，保持體力（史考特團隊則視天氣而定，好的時候多走幾公里，差的時候少走）。

阿蒙森到達南極點之後，史考特雖然隨後也抵達了，但是卻死在了回程的路上。

如果沒有第一次創造，許多人會拚命埋頭苦幹，到頭來卻發現，追求成功的梯子搭錯了牆。雖然看上去忙碌不已，或者自己內心覺得滿足、享受，但這種享受可能只是「在鐵達尼號上拉開躺椅」，安詳的等待死亡罷了。

KEYPOINT

以終為始

以終為始，是從依賴期到獨立期需要養成的第二個習慣，把基於心智的第一次創造的「終」，作為基於實際的第二次創造的「始」。怎麼才能以終為始？要注意三件事：確定目標、堅持原則和做好計畫。

5 我不忙，我只是時間不夠——要事第一

主動「幹掉」一切「不重要也不緊急」的事情，拒絕大部分「緊急但不重要」的事情，專注於「重要但不緊急」的事情，讓自己「忙，但不焦慮」。

有的人或許會有這樣的感覺：每天睜開眼睛，都像是在打仗一樣，「炮火紛飛」，一個項目接一個項目，各種問題層出不窮——客戶、同事、老闆輪番出包，一整天掛上電話回微信，回完微信又接電話……折騰到半夜兩點才爬上床，但是沒睡幾個小時，第二天的「戰爭」又開始了。

面對這樣的人，別人勸他們放鬆些，建議他們「讀點書吧」，他們會說：「哪來的時間？我都忙瘋了！」勸他們做好規畫，跟他們討論明年的安排，他們會說：「明年？等我活過明天再說！」勸他們停一停，「讓靈魂跟上自己的步伐」，他們會說：「算了，我還是先跟上時代的步伐吧！」

這就是典型的「救火隊員」型的創業者、管理者。他們始終在和時間賽跑，忙

碌、焦慮，在時不我待的歷史責任感中疲憊前行。

這樣真的對嗎？當然不對。

他們之所以這麼忙，是因為一直在處理「重要且緊急」的事情。因為重要，所以不能不做；因為緊急，所以必須現在做。兵臨城下，迫在眉睫，能不焦慮嗎？**解決這個問題的關鍵，是減少「重要且緊急」的事情。**

怎麼做呢？史蒂芬．柯維說，那就需要養成《高效能人士的七個習慣》中所說的第三個習慣了——要事第一。

舉個例子，美國某小鎮有一個消防隊，他們是真正的消防隊員，火光就是命令，火場就是戰場，他們總是疲於奔命於各種「重要且緊急」的火災。有沒有辦法減少火災呢？有人可能會覺得：救火不是消防隊的職責嗎？沒有火災，消防隊還有存在的意義嗎？但消防隊員不這麼認為，為了使自己不必每天都出生入死，他們決定在救火工作之外，派專門的隊員上街檢查救火設備、老化電路、易燃物等，逐項反映、改進，排除各種隱患。一開始，工作量變大了，而且效果並不明顯，但過了一段時間之後，大家發現火災真的減少了。也因為如此，消防隊就有更多時間用於盤查，所以火災進一步減少。最終，消防隊的主要工作變成了防火，而不是救火。

專注於「重要但不緊急」的事情，在它慢慢變得緊急之前，把事情處理完畢，這就是要事第一。

具體怎麼做？我要介紹著名的「時間管理矩陣」。

在西方管理學中，常常會使用「艾森豪威爾法則」[1]分析工具。這個工具對於分析對立統一的概念非常有用，我將會在《5分鐘商學院．工具篇》中專門講解。史蒂芬以「輕重」為一個維度，以「緩急」為另一個維度，構建了四象限圖——時間管理矩陣。

為了養成要事第一的習慣，我們針對四個象限使用不同的策略。

第一象限：重要且緊急。

比如，突如其來的公關危機、下週就要提交的投標方案、追趕本月的銷售指標、在重大行業論壇上發布的演講文稿等，這些都是重要且緊急的事情。

這個象限裡的事情，常常是我們焦慮的來源。對待這些事，我們並沒有什麼投機取巧的辦法，只能立刻動手去做，完成一個是一個。

1 艾森豪威爾法則：又稱四象限法則或十字法則。

第二象限：重要但不緊急。

比如，每日收聽《劉潤．5分鐘商學院》、每週檢查項目進度及風險控制點、招聘優秀人才、常規性的拜訪客戶、和合作夥伴座談、擴展自己的人脈，甚至是享受一次真正的休息等，這些都是重要但不緊急的事情。

因為不緊急，這些事情常常被一再往後推，直到變成重要且緊急的事情。比如，項目風險像雨後春筍一般浮現出來，因為疏於溝通，客戶轉而投向了競爭對手的懷抱等。

要事第一，其實就是要盡量優先的把時間花在第二象限。

第三象限：緊急但不重要。

	緊急	不緊急
重要	I 危機 緊急的問題 有限期的任務、會議 準備事項	II 準備事項 預防工作 價值觀的澄清 計畫 關係的建立，真正休閒充電
不重要	干擾、一些電話 一些信件、報告 許多緊急事件 許多湊熱鬧的活動 III	細瑣、忙碌的工作 一些電話 浪費時間的事情 無關緊要的事情 看太多的電視 IV

比如，郵箱裡經常收到的新郵件、手機裡「嘟嘟嘟」提醒的各種通知、一些參不參加都可以的活動等。這些事情也許緊急，但並不重要。

我們應該試著關掉郵件箱、手機，對參不參加都可以的活動一律說「不」。有的人可能會覺得不好推託，其實不必編造理由，只要溫柔而堅定的說：「謝謝，我就不去了。」

為什麼沒有時間做第二象限的事情？因為第三象限的事情做得太多了。

第四象限：不重要也不緊急。

比如，跟同事嘰哩呱啦的八卦閒談、昏天黑地的追劇……這些都應該戒掉，除非你覺得閒談和追劇對自己來說就是真正的休息。即使如此，也別休息上癮了。

要事第一，就是主動幹掉一切「不重要也不緊急」的事情，拒絕大部分「緊急但不重要」的事情，直至減少到小於百分之十五。這樣，就可以把百分之六十五至百分之八十的時間花在「重要但不緊急」的事情上，並因此得以把焦慮之源——「重要且緊急」的事情，減少到百分之二十至百分之二十五，達到「忙，但不焦慮」的境界。當你掌握了時間管理矩陣的精髓，就可以像比爾．蓋茲一樣：我不忙，我只是時間不夠。

KEYPOINT

時間管理矩陣

在時間管理矩陣中，第一象限是「重要且緊急」的事情；第二象限是「重要但不緊急」的事情；第三象限是「緊急但不重要」的事情；第四象限是「不重要也不緊急」的事情。針對不同象限的事情，應該使用不同的策略：主動幹掉一切「不重要也不緊急」的事情，拒絕大部分「緊急但不重要」的事情，專注於「重要但不緊急」的事情。

6 你我都要贏，否則就別幹——雙贏思維

雙贏思維會徹底提升一個人的格局。合作一定要讓雙方都獲得價值，如果一方賺錢是建立在另一方損失的基礎之上，這樣的買賣不做也罷。

前面所講的三個習慣：主動積極、以終為始、要事第一，是從依賴期到獨立期需要養成的重要習慣，也是三個重要的思維轉換——主動積極，幫我們把思維轉換為「我可以對自己的行為和選擇負全責」；以終為始，幫我們把思維轉換為「我可以在採取行動之前，先用心智創造結果」；要事第一，幫我們把思維轉換為「我可以讓次重要的事情為更重要的事情讓路」。

學習這些習慣，對很多人來說，要比理解「價格錨點」之類的商學概念難得多。因為商學概念是知識，一學就會，立刻能用，而習慣是技能，甚至是態度，需要不斷刻意、刻苦的練習和感悟。但是，習慣是對人的底層操作系統的升級，就如同要拉動更大的車，就必須更換更大功率的引擎，它們對人一生的影響，遠遠大於

商學概念。

從獨立期到互賴期，也有三個重要的習慣。第一個習慣就是「雙贏思維」。

有一個明星業務，跟進一位潛在客戶一年多，最近終於有了重大進展。客戶表示願意採購銷售公司的軟體系統，但因為金額巨大，他要求和公司老闆以及業務見面。老闆和業務非常高興的登門拜訪。在雙方詳談的過程中，老闆發現該軟體系統其實並不適合客戶，他買回去也是浪費錢。要是如實相告，業務這一年多的努力就會付之東流。如果違心的成這筆生意，公司的利潤則會大增。這個時候，老闆應該怎麼辦？

第一種方案，公司應該以利潤為重，萬一奇蹟發生，對方把軟體系統買回去之後，發現很適用呢？老闆要是心裡實在過意不去，可以主動提出給對方打個折嘛！第二種方案，直接告訴對方實情：「感謝您的信賴，其實我們有另一個版本的系統更適合您的業務，而且還能節省百分之八十的採購費用。我覺得雙方的首次合作可以從那個版本開始，不斷深入。」

相信有人會跳出來說：第二種方案簡直是瘋了！對方都願意付錢了，不賺豈不是吃虧？在今天，很多人對「吃虧」的定義是：被別人占便宜，當然吃虧；有便宜不占，也算吃虧；便宜占少了，還是吃虧。

真的是這樣嗎？

有一次，馬雲參加阿里巴巴銷售人員的培訓，發現培訓老師居然在講「如何把梳子賣給和尚」的段子。他聽了五分鐘，非常生氣，立刻把培訓老師開除了。為什麼？馬雲說：把產品賣給那些不需要這個產品的客戶，我認為是騙術，而不是銷售術。

交易的本質是價值的交換。雙贏思維，就是通過合作，雙方都能獲得價值。如果一方賺錢建立在對方損失的基礎之上，是行不通的。雙贏思維是一項艱難的思維轉換，但是它會徹底提升一個人的格局。鷹有時候會飛得比雞還要低，但雞卻永遠不可能飛得比鷹高。

如果我們想飛得更高，應該怎樣修練雙贏思維呢？簡單來說，要不斷提高境界。

第一，雞的境界是「我要贏，更重要的是你要輸」。

有的人即使贏了，也無法獲得滿足感。只有讓對方輸，他們才會感到滿足，比如宿敵、一直以來的競爭對手，他們對對方失敗的渴望，甚至超過了對自己成功的渴望。這樣的境界，是建立在匱乏心態上的，崇信「你多吃一口，我就會少吃一口；你吃飽了，我就會餓死」，從而讓別人控制了自己的情緒。

第二，雀的境界是「我要贏，如果因此你輸了，別怪我」。這是最常見的心態。抱持這種心態的人，只想著自己贏，不關心對方是贏是輸。如果對方也贏了，「挺好」；如果對方輸了，「對不起，是你自己倒霉」。

回到銷售軟體系統的案例上來，「我的產品是好產品，買不買是你自己的主意。買完之後你用得上，挺好；用不上，也不關我的事。反正，我就是要把自己的產品賣出去」，這就是典型的雀的境界。

第三，鷹的境界是「你我都要贏，否則就別幹」。

這樣的境界，是建立在充裕心態上的。對於那種「因為你損失，我才獲益」的合作方式，即使放棄，一方也不會餓死；但如果極力促成，那就相當於在損害另一方的利益，實際上也損害了自己在其他合作夥伴，甚至親戚朋友心中的情感帳戶。這樣，自己的路就會愈走愈窄，飛得愈來愈低。

所以，追求贏，簡單；追求「你輸，我就不贏」，實在很難。

KEYPOINT

雙贏思維

合作一定要讓雙方都獲得價值。如果一方賺錢是建立在另一方損失的基礎之上，這樣的買賣不做也罷。修練雙贏思維有三個境界：第一，雞的境界是「我要贏，更重要的是你要輸」；第二，雀的境界是「我要贏，如果因此你輸了，別怪我」；第三，鷹的境界是「你我都要贏，否則就別幹」。

7 先理解別人，再被別人理解——知彼解己

把心放到對方身上，先感受到他的快樂、憤怒、痛苦、激動，然後聆聽。先去理解別人，然後再尋求被別人理解。

一位員工想跟老闆談談專案中遇到的問題，剛剛起了個話頭，老闆就拍著他的肩，語重心長的說：「專案問題我知道，你的想法我也知道……這個專案對公司很重要，我會讓其他部門全力配合你的，你一定能行……」這個時候，員工會怎麼想？他會想老闆根本不理解自己，甚至都沒打算理解自己。

雙贏思維的前提，是理解別人；而理解別人的前提，是傾聽。很多人並不真正懂得傾聽，為什麼？因為他們太喜歡給建議了。

有這麼一個故事：一個人的眼睛不太舒服，去看醫生。結果他還沒開口，醫生就說「我知道了」，然後把自己的眼鏡摘下來，給病人戴上。病人心存疑慮，醫生說：「你放心，這副眼鏡我都戴了十幾年了，被證明很有用，你試試。」病人將信

將疑的戴上之後，發現眼前一片模糊，直喊頭暈。醫生說：「怎麼可能？我戴的時候很清楚啊！一定是你佩戴的方式不對。」

聽完這個故事，你一定會覺得醫生很滑稽吧？他還沒有診斷，就開始治療了。很多人也是如此，在聆聽之前就迫不及待的表達。**我們每個人都希望得到別人的理解，卻忽視了要先去理解別人。**

史蒂芬說，為了獲得「公眾成功」，從獨立期走向互賴期，需要做出一個重要的改變，或者說養成一個重要的習慣：知彼解己。請記住，首先是知彼，然後才是解己。

怎樣才能養成知彼解己、有效傾聽的習慣呢？

第一，戒掉「自傳式回應」。

所謂自傳式回應，就是隨便接過一個話頭來，都能自己談半小時，或者用自己的價值觀、對事情的有限認知，輕易的給出建議。比如：「我當年也經歷過與你一樣的人生階段，你應該……」這就是「好為人師」型的自傳式回應，隨時隨地做別人的人生導師。再比如：「……但是你忽略了一些重要的事實……」這是「價值判斷」型的自傳式回應，隨便下判斷、給定論。或者：「你這麼做，還不是為了……」這是「自以為是」型的自傳式回應，妄斷別人的動機。還有，「為什麼你一定要……？這麼做有意義嗎？」這是「追根究底」型的自傳式回應，根據自己的價值觀刨根問底。

自傳式回應，把自己放在溝通的中心，阻礙自己聽，也阻礙自己理解別人，一定要戒。

第二，用耳朵聽，用眼睛看，用心理解。

據專家估計，在人際溝通中，僅有百分之七是通過語言來進行的，百分之三十八取決於語調和聲音，其餘百分之五十五則靠肢體語言。所以有時候，基於通訊軟體的文字溝通是不夠的，還要有語音；語音溝通也是不夠的，還要有視訊；視訊溝通仍然不夠，還要見面。

我們要訓練自己用眼睛看對方的肢體語言。雙手交叉，拇指打轉，這代表不耐煩；雙手抱臂，向後緊靠，這代表抗拒；上身直立，淺淺就座，這代表緊張。

還要訓練自己用心理解對方的話外之音。對方說「哦，原來你是這麼認為的」，通常表明他不同意；對方說「嗯，挺有趣」，表明他對話題不感興趣。就像一個女孩子說「你是個好人」，基本上代表你們之間沒有發展機會了。

第三，移情聆聽。

移情聆聽的意思是，把心放到對方身上，先感受到對方的快樂、憤怒、痛苦、激動，然後聆聽。這是一種技能，更是一種態度，是知彼解己的關鍵。

進入對方的心靈非常難，但還是有方法可循的。比如，你可以在傾聽的時候，試著重複對方話裡的幾個字作為回應，這會幫你（也幫對方）感受到，你正在進入他的故事；接著，你可以用自己的語言，重複總結對方的表達，「我猜你現在的感覺是……」、「你的意思是不是……」這會幫你（也幫對方）感受到，你開始理解他了；然後，你可以呼應對方的情緒，「你當時很憤怒……」、「你覺得很痛苦……」這會幫你（也幫對方）感受到，你已經進入他的心，理解他的情緒；最後，你再用自己的語言，把對他問題的理解、對他情緒的感受，總結一下。此時，你和他就站在一起了。

你會發現，有時候根本就不需要提建議了；就算提，這時你的建議也會更有價值；就算價值和未聆聽前一樣，對方的接受度也會高很多。

當然，在這個過程中，你需要有足夠的智慧，去判斷什麼時候重複、總結、呼應其實是不必要的。安靜的聆聽，就已經足夠。

KEYPOINT

知彼解己

先理解別人，再尋求被別人理解。理解別人，是重要的態度；聆聽別人，是重要的技能。怎麼做呢？第一，戒掉「自傳式回應」；第二，用耳朵聽，用眼睛看，用心理解；第三，移情聆聽。

8 太棒了，居然還可以這樣——統合綜效

除了「非此即彼，你多我就少」之外，試試找到共享的目標，通過創造性的合作，找到「一＋一大於三」的第三方案。

假設某個週末的清晨，你被鄰居的電話吵醒。他在電話裡怒氣衝天的抱怨你家的狗叫個不停，搞得他一夜都沒睡好。他說：「你怎麼不把那隻沒教養的狗安樂死算了！」你自知理虧，但也很反感他說話的語氣，不想理他。沒想到沒過多久，網絡上就有一篇文章〈鄰居家的狗好吵，怎麼才能神不知鬼不覺的毒死牠〉流傳開來。

怎麼辦？要把狗弄走嗎？可是你和狗很有感情啊，捨不得。那麼不理睬鄰居吧，可是天曉得他會不會真的把狗毒死！除了這兩種方案，還有沒有其他的解決方案呢？

我們在與別人合作時，常常也會遇到這樣頭疼的選擇，最終的解決方案通常是

各讓一步，「我再便宜兩元[2]，你也加一元，成交」，或者「這批硬體我就不還價了，但你再送我兩套軟體」。除了類似的妥協方案，有沒有創造性的合作呢？

每年秋天，大雁都要往南飛，一會兒排成「一」字形，一會兒排成「人」字形。你有沒有想過，為什麼大雁不排成別的字形呢？這是因為「一」字形或「人」字形編隊飛行更省力。大雁搧動翅膀時，會在後方帶起一股上升氣流，緊跟的後雁因此飛得更快、更省力。帶隊的頭雁飛累了，後雁還會接替牠的位置，輪流休息。據科學家分析，以「一」字形或「人」字形編隊飛行的雁群，飛過的距離比單隻大雁能飛的距離要長百分之七十三。

這就是統合綜效，即通過創造性合作，實現整體大於部分之和。統合綜效是除了「非此即彼，你多我就少」的妥協方案之外，通過創造性合作，找到「一＋一大於三」的第三方案。

該如何尋找這種基於創造性合作的第三方案呢？

---

2 以下幣值若未特別標注皆以人民幣計算。

第一，尊重差異，感激多樣性。

我們要理解，**眼中看到的世界並不是真實的，而是真實世界在我們心中那面鏡子上的投影**。鏡子不同，世界的投影也不同。所以，不要追求投影（也就是觀點、價值觀的一致）。相反，應該尊重觀點的差異，感激團隊的多樣性。從價值的角度來看，如果兩個人的觀點完全相同，那麼其中一人必屬多餘。

很多美國公司都鼓勵多樣性，因為這是創造力的源泉之一。有的公司不僅鼓勵多樣性，甚至是不允許不多樣。比如，上下級之間不允許是同一所大學畢業的，以免觀點、價值觀過於相似。而不同性別、不同種族、不同信仰、不同專業，才有助於讓整個團隊充滿差異性，激發奇思妙想。

第二，從報仇，到妥協，到合作。

最差的合作是報仇，「我寧願重傷，也要讓你死」，或者「我寧願死，也要讓你重傷」。報仇的結果是：

一＋一＝〇．五

妥協，就是雙方各讓一步，讓一步總比不讓步好。妥協的結果是：

一＋一＝一．五

而合作是「我幫你，你也幫我」，「我做冰箱，你賣冰箱，大家一起賺錢吧」。合作的結果是：

一＋一＝二

第三，共享目標，創造性合作。

從合作到創造性合作的祕訣是：找到共享的目標。

盲人看不見路，跛足的人走不了路，兩人都寸步難行。大家的目標不是彼此嘲笑，而是走路。以走路為共享的目標，盲人把跛足的人揹起來，跛足的人為盲人指方向，大家就可以去到很多地方。

比如線上和線下，一定是你死我活的關係嗎？其實，線上和線下共享的目標是「更多流量」。所以，線上成功的淘品牌之一——茵曼，已經開始在線下開展「千城萬店」計畫。

再比如，網路和傳統行業一定是你死我活的關係嗎？其實，網路和傳統行業共享的目標是「更高效率」。所以，連傳統的烤地瓜，現在都可以用行動支付了。

KEYPOINT

統合綜效

通過創造性合作，實現整體大於部分之和。秉持雙贏思維，運用知彼解己的習慣，才能產生統合綜效的成果。怎麼訓練統合綜效呢？第一，尊重差異，感激多樣性；第二，培養自己從報仇，到妥協，到合作；第三，發現共享目標，通過創造性合作，找到第三方案。

9 把優秀變成一種習慣——不斷更新

優秀習慣的養成，無法通過「吸星大法」瞬間獲得，需要通過身體、精神、智力、社會／情感四個方面的不斷訓練，用時間持續積累。

武俠小說中有幾種常見的武功：第一種是輕功，輕輕一躍，就能從浦西跳到浦東；第二種是點穴，手指一點，就能把對方定住；第三種是吸星大法，輕易把對方苦練幾十年的功力轉移到自己身上。

這三種武功中，你覺得哪一種最不靠譜？我覺得是吸星大法。輕功，借助「可穿戴飛行器」就能做到；點穴，類似藥物注射瞬間導致肌肉僵硬的效果；但是，把幾十年的功力像物品一樣傳來傳去，幾乎不可能，因為它違反了「時間律」。

什麼是時間律？這個世界上，有些東西是偷不來、搶不來、要不來、買不來的，唯一的獲得方法，就是用時間換。比如，花一億元也買不來騎自行車的技能，但是花三個小時練習卻可以掌握。

習慣，就是符合時間律的典型。也就是說，花再多錢都無法瞬間獲得好習慣，只能用時間換。對習武之人來說，只有堅持不懈的站樁、扎馬步、打梅花樁，才能不斷精進。對普通人來說，只有用時間，才能把優秀變成習慣。

具體來說，應該怎麼做呢？史蒂芬·柯維說，需要養成第七個習慣，從身體、精神、智力、社會／情感四個方面，對自己「不斷更新」。

第一，身體。

想要在商業、管理、個人方面做得更優秀，必須有充沛的體力和旺盛的精力。基層工作者靠體力，中高級管理者靠智力，而頂級的企業家回過頭來又要靠體力。

萬達創始人王健林一天要在四個城市之間奔波，蘋果執行長庫克一天只能睡三個小時。身體，就像是手機電池，電池容量不夠，或者電量始終在百分之二十以下，是成不了大事的。

該怎麼辦呢？飲食健康、充分休息、定期運動，以及養成有規律的作息習慣。身體訓練屬於「重要但不緊急」的事情，如果做到這些對你來說很難，可以嘗試《5分鐘商學院·商業篇》第十三章中所講的「對賭基金」，幫自己走入正循環。

第二，精神。

強大的精神力量也是需要不斷訓練的。

二〇〇九年，我參加了「玄奘之路」戈壁挑戰賽，在荒無人煙的鹽鹼地裡，四天徒步一百二十公里。單調的景色、疼痛的雙腿，理想、行動、堅持，衝過終點的那一刻，我不是豪情萬丈，而是平靜如水。

二〇一三年，我飛到青海，在三千三百公尺的海拔高度，用五天時間環青海湖騎行三百六十公里。有一天，實在沒能完成當天的目標，第二天我主動倒退二十公里，然後追上隊伍，完成了全程。

二〇一五年，我和十位朋友一起遠赴非洲，用七天時間攀登非洲第一高峰——海拔五千八百九十五公尺的吉力馬扎羅山。在大雨、嚴寒、高原反應等惡劣條件下，我們最後登頂的那一刻，所有人都抱頭痛哭。

快樂是獎賞，痛苦是成長。經過這樣的精神訓練，你幾乎可以面對任何商業世界的挑戰。

第三，智力。

如果把智力比作手機操作系統，那麼智力訓練就是安裝各種應用程式（App），以增加操作系統的功能。

該怎麼做呢？

多讀書。雖然如今網絡上有很多內容，但大部分內容都是碎片化，甚至是片面的。我寫過不少書，當我試著把自己的觀點寫成書的時候，會把自己挑戰得體無完膚，甚至想要放棄。可以嘗試至少每個季度讀一本書，然後每月讀一本、每週讀一本。比如「得到」應用程式裡的「每天聽本書」專欄，就是快速獲取書籍精華的好方式，如果你對某本書深有感觸，再把全本找來仔細閱讀。

多寫作。試著把自己的想法寫下來，慢慢就會發現，很多我們自以為想清楚了的事情，其實並非如此。寫作可以幫我們把囫圇吞棗吃下去的知識，消化吸收。可以試著至少每個月寫一篇文章，公開發表，接受大家的質疑。這些質疑，可以進一步幫助自己完善思維和知識體系。

第四，社會／情感。

社會關係和情感連接，也是必須不斷訓練、持續積累的。

常常有人問我是如何建立自己的人脈的，我回答說：給予價值。你能給予什麼樣的價值，就會認識什麼樣的人。如果不能用價值澆灌人脈，那就只能用人品抵押。抵押到最後還不起了，還想借，就會破產。**人脈，不是那些能幫到你的人，而**

是那些你能幫到的人。所以，持續的給予價值，是積累、更新人脈的唯一方法。給予減去索取，等於人脈；付出減去回報，等於胸懷。

KEYPOINT

不斷更新

習慣需要不斷訓練，持續積累。不斷更新，就是通過身體、精神、智力、社會／情感四個方面的不斷訓練，磨礪其他六個習慣（主動積極、以終為始、要事第一、雙贏思維、知彼解己、統合綜效），從而把優秀變成一種習慣。

10 從狹窄的百分之五跨到廣闊的百分之九十五——習慣

一個人一天的行為中，大約有百分之五是非習慣性的，而其他百分之九十五的行為都源自習慣。要把邏輯上認同的東西訓練成習慣，用習慣指導一生。

史蒂芬．柯維所講的七個習慣，確實讓人醍醐灌頂。但是，養成習慣是很難的。有人質疑：我真的需要養成這些習慣，才能成功嗎？如果每個人都這樣來管理自己，生活還有什麼樂趣？也有人說：我也有自己的習慣啊，現在不是強調「做自己」嗎？我能不能一邊「做自己」，一邊獲得成功呢？

為了回答這些問題，我覺得有必要在講完七個習慣之後，再回過頭來，重新理解「習慣」這個概念。

什麼是習慣？

我們來做一個實驗：把雙手十指交叉，緊緊握在一起，不要鬆手。你會發現，有的人把右手的拇指放在最上面，有的人把左手的拇指放在最上面。如果讓這些人改變一下，故意把另一隻手的拇指放到上面，他們會覺得非常彆扭。這就是習慣。習慣，就是一些人做起來彆扭的事情，另一些人卻覺得很自然。

為什麼會這樣？這是人類的大腦結構使然。歐洲商學院教授特奧・康普諾利（Theo Compernolle）在《慢思考》（*BrainChains: Discover your brain, to unleash its full potential in a hyperconnected, multitasking world*）裡，把人的大腦分為：反射腦、思考腦和儲存腦。簡單來說，反射腦管直覺，思考腦管理性，儲存腦管記憶。反射腦的直覺，依賴習慣，用習慣做出反應，快速、「省電」，但是未必總是正確的。思考腦的理性，依賴邏輯，用邏輯做出反應，緩慢、「費電」，但是通常更加正確。

那麼，直覺和理性——也就是習慣和邏輯，哪一個對我們更重要呢？

行為科學研究得出結論：一個人一天的行為中，大約有百分之五是非習慣性的，而其他百分之九十五的行為都源自習慣。這基本上意味著，是習慣，而不是邏輯，決定了我們的一生。有的人可能會覺得這個結論顛覆了自己的認知：「天啊，這可不行！我的思考腦決不能屈服於反射腦。」但是，畢生都用百分之五的邏輯來與百分之九十五的習慣做鬥爭，這不是最佳策略。

實際上，最佳策略恰好相反，即把邏輯上認同的東西訓練成習慣，然後用習慣來指導一生。比如雙贏思維，也許在某一個合作中，你動用思考腦，用邏輯推導雙方利弊，決定「你我都要贏，否則就別幹」，但這種情況只占百分之五，還有百分之九十五的情況你可能會習慣性的損害對方利益。把邏輯上認同的東西訓練成習慣，就是通過反覆練習，把雙贏思維寫入反射腦，變成條件反射，從而讓自己在百分之百的情況下都能做出正確的決定。

這樣的習慣，會讓人很痛苦吧？其實不然。養成習慣的過程很痛苦，但習慣本身不會讓人痛苦。比如剛學騎自行車的時候很痛苦，不知道摔了多少跤，但是學會之後，每天騎車上下學就不痛苦了。因為這個時候，騎車已經變成一種習慣。

同樣，當我們把雙贏思維作為一項規則來遵守時，會感到很痛苦；而當雙贏思維成為習慣之後，一切都會自然而然。覺得痛苦，只是因為不習慣。就像雙手交叉時，習慣於右手拇指在上的人，要是換成左手拇指在上，肯定痛苦不堪。所以，養成一個好習慣，就相當於把一個正確的邏輯寫入反射腦。這時，我們不但在「做自己」，而且還成了「更好的自己」。

史蒂芬·柯維說：**想法產生行動，行動養成習慣，習慣變成性格，性格決定命運。**我建議大家找一件確定要做的事情，然後在未來二十一天中，養成習慣。這樣做，可以幫助我們把思考腦中的邏輯，變成反射腦中的習慣；幫助我們從狹窄的百分之五，跨到廣闊的百分之九十五。

KEYPOINT

習慣

一些人做起來彆扭的事情，另一些人卻覺得很自然，這就是習慣。在人的行為中，只有百分之五是由思考腦中的邏輯驅動的，還有百分之九十五是由反射腦中的習慣驅動的。養成好習慣，不但可以「做自己」，而且可以成為「更好的自己」。從本質上講，就是把思考腦中的邏輯，通過反覆訓練，變成反射腦中的習慣，然後用習慣指導一生。

筆記時間

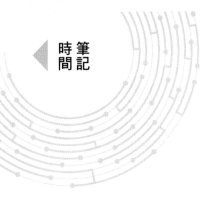

第二章

高效能人士的素養

再問「你好，在嗎」，我就封鎖你——**通訊軟體禮儀**

這輩子，你們只會在郵件裡「見字如晤」——**郵件禮儀**

時間顆粒度反映專業程度——**時間顆粒度**

事實有真假，觀點無對錯——**事實與觀點**

職場素養是商業世界的教養——**職場素養**

1 再問「你好，在嗎」，我就封鎖你——通訊軟體禮儀

不要在通訊軟體上問「你好，在嗎」，說句「你好」，有事說事，簡短的說清楚想說的事情，給對方足夠的自由時間選擇如何回覆，讓對方感覺舒服。

我職業生涯的第一課，叫 Professionalism（職場素養），這門課讓我受益匪淺。通過這門課，我學到了什麼呢？不是什麼「硬知識」，而是一些細枝末節，比如獨自乘計程車，應該坐哪個位置；如果老闆開車，應該坐哪兒；老闆開車，上級也在，應該坐哪兒；老闆開車，上級也在，同行的還有一位女士，應該坐哪兒……

有的人可能不耐煩了：有必要搞得這麼複雜嗎？隨便找個空位坐下就行了，別人不會在意的。其實，我從這門課中學到最多的，是這些職場素養問題背後的思維方式：永遠要站在「對方舒不舒服」的角度考慮問題。**讓跟你打交道的人感覺舒服，這就是職場素養**。我們把享受這種專業，並給別人帶來舒適社交的人，叫做「紳士」。

網路時代的快速變化，給很多過去的紳士們出了難題。他們意識到，過去某個場景下的禮儀行為，在新時代可能變得不禮貌，甚至還會造成很多問題。所有的商業人士都需要上一堂「網路時代的職場素養」課程，理解在新時代與客戶、夥伴，甚至是自己的員工打交道的方式。

有一位朋友告訴我，他們公司的客服人員被客戶投訴，原因是他和客戶聊完之後，發了一個微笑的表情過去。他的本意是示好，沒想到卻被誤會了。這聽上去很不可理喻，但是在如今的社交媒體中，微笑表情的含義已經變成貶義——「我就靜靜的看你，不說話」。

有的紳士可能會拍案而起：這是誰定義的？在我的字典裡，微笑表情就是友好的意思。然而，我問了自己身邊幾位年輕的小夥伴，他們都不認為如此。這就是可怕的「代溝」。

網絡上流傳過一個段子：一個年輕人看到自己父母的微信聊天記錄，媽媽給爸爸發了三個微笑表情。年輕人以為父母吵架了，生怕他們下一秒就要打起來，趕緊打電話詢問，結果媽媽說：「我們沒事啊，我覺得微笑表情挺好的，就發了。」

職場素養，就是讓別人覺得舒服。如果別人（尤其是客戶）覺得舒服的方式變了，那麼我們也得跟著變。這其實是很多傳統企業在向網路轉型的過程中，遇到的底層文化障礙。不是不願意接受，而是根本不知道、不理解網路時代的文化。

表情符號，是職場素養在通訊軟體禮儀方面的一個體現。類似的高危險表情還有「微笑揮手」，在很多通訊軟體語境下，它已經不是「再見」的意思，而是含笑著說「滾蛋」。

通訊軟體裡的交流方式也有變化。比如，一個人發過來「你好」，如果彼此之間不太熟，大多數人會選擇不回覆這條消息（尤其是在忙的時候）。但要是他因為沒得到回覆，鍥而不捨的又發過來一句「在嗎」，這就有問題了。通訊軟體中問對方「在嗎」，就像過去問別人「你有男朋友嗎」，不是完全不能問，關鍵要看是誰問——你和對方很熟嗎？

為什麼會這樣？這是溝通工具的特性導致的。比如，電話是一種同步獨享的溝通工具，你願不願意和對方溝通，通過按不按「接聽」鍵來決定。一旦按下，就意味著你同意分配一段獨享的時間給對方，然後雙方用「你好」、「你也好啊」的言語問候來完成握手協議，用「對」、「是的」來確認收到對方的資訊，彼此同步。

郵件，是一種異步分享溝通工具，你願不願意和對方溝通，是通過回不回覆郵件來決定的。就算選擇回覆，從收到郵件到回覆郵件的這段時間也不是獨享的，而是可以分配給很多人共享。比如，你可能一邊思考如何回覆，一邊做著其他的事情。直到對方收到你的回覆，雙方才會進行下一步溝通，這就是異步模式。

由此可見，電話和郵件有著完全不一樣的職場素養表現。在通電話時，你需要不斷回應，讓對方知道你一直在與他同步。而郵件要有標題，正文要做到觀點明確、邏輯清晰，以便在有限次的來回中提高溝通效率。

如果把主流溝通工具按照同步、異步的程度來排序，從高到低依次是：電話、QQ、簡訊、郵件。微信則是介於QQ和簡訊之間的狀態，存在這樣的情況：你說某人「在線」吧，但是他在開會、過馬路或者開車，不方便回覆；說他「不在線」吧，他又正在跟別人聊著微信呢；還有可能他這一分鐘正聊著微信，下一分鐘就要開會了。所以，當你問別人「在嗎」的時候，有考慮過別人該怎麼回覆嗎？萬一別人回覆「在」，然後就開會去了，你接下來再說什麼就得不到回應，你肯定會覺得對方不禮貌吧？可要是別人回覆「不在」，你心裡會更加不滿：明明回覆了，還說自己不在，究竟什麼意思？

所以，身邊有很多朋友都對我說，最反感那種一上來就問「你好，在嗎」的人。

這樣的人，把電話或QQ的禮儀方式照搬到微信中，試圖表示禮貌，卻不曾想過已經啟動了一段鎖死獨享時間的溝通，弄巧成拙。

正確的做法應該是：說句「你好」，然後有事說事，簡短的說清楚自己的意圖。這樣就給了對方足夠的自由時間，來選擇要不要回覆，或者如何回覆，讓對方感覺舒服。

KEYPOINT

通訊軟體禮儀

讓跟你打交道的人感覺舒服，這就是職場素養。把電話或QQ的禮儀方式照搬到微信中，試圖表示禮貌，結果可能弄巧成拙。正確的做法應該是：說句「你好」，然後有事說事，簡短的說清楚自己的意圖。

2 這輩子，你們只會在郵件裡「見字如晤」——郵件禮儀

網路時代，你和很多人這輩子可能只通過郵件溝通，見字如晤。郵件，代表一個人的專業形象，每個人都必須把自己收拾得乾乾淨淨。

你可能收到過這樣的電子郵件：郵件標題是「你好」，發件人姓名是「還好只是近黃昏」。你料想是垃圾郵件，正準備刪除，為了確認，還是打開瞄了一眼。果然，這封郵件居然是供應商發過來的方案和報價！你趕緊翻到郵件末尾，下載方案和報價附件，可是什麼也沒找到。問對方怎麼回事，對方回覆一句：「啊！忘了添加附件了。我再發一遍。」

你會怎麼看待這位供應商？如果是我，能不合作就不要合作了，因為太不可靠。

我建議管理者做一個測試：找五名與客戶打交道最多的員工，隨機抽取他們的工作往來郵件，注意一下郵件標題、問候語、文字分段、措辭、字體、顏色和署名等。估計管理者看完後會出一身冷汗，「原來客戶是被我們自己逼走的啊」。

一九九九年，我以工程師的身分加入了微軟。當時，微軟僱用了十幾位語言專家，校對每一封郵件。他們吹毛求疵：郵件標題怎麼寫，怎麼問候，第一句話寫什麼，什麼時候用阿拉伯數字1、2、3，什麼時候用單詞one、two、three，如何署名等。單詞和語法不但不能錯，還要講究「信達雅」。所有工程師都會經歷一段被語言專家折磨得死去活來的時期，圓滿「畢業」之後，才能直接給客戶發郵件。有一次，我問語言專家團隊的負責人：「有必要這麼嚴格嗎？」她說：「你想像一下，有很多人，這輩子你都不會當面見到，你給他留下印象的唯一方式就是郵件。」她的這句話讓我感到醍醐灌頂。我想，這就是中國人常說的「見字如晤」吧！在網路時代，變成了「見郵件如晤」。

一封好的郵件，到底應該是什麼樣的？**郵件禮儀，和與人見面的基本禮儀一樣，不是打扮得花枝招展，而是乾乾淨淨。**簡潔、乾淨是基礎，然後才是個人風格。怎麼做？

第一，正式的顯示名和總結性的標題。

我們收到郵件首先會看兩樣：對方的顯示名和郵件標題。所以，郵件禮儀的第一步，就是用真名。比如「劉潤」，或者「潤米諮詢——劉潤」。過於個性化、詩意化，尤其是二次元的名字，像「還好只是近黃昏」、「一隻特立獨行的豬」可以用於QQ簽名，但不要用在商務郵件裡。

至於標題，是全文的概括，宜用不到二十個字總結核心內容。所以，像「你好」「來自某某公司」、「報價」等，都不是一個好的郵件標題。「請審閱：X公司關於Y項目的方案和報價」，才是好標題。

第二，簡單大方的格式。

一封好的郵件，一定是簡單大方的。格式要讓位於內容，盡量少用不同顏色、不同大小的字體排版，更不要用背景圖，甚至背景音樂。真正的高手撰寫郵件，正文都是一種字體、一樣大小、一種顏色，並且只用三種方式來排版：分段、縮行和加粗。分段負責閱讀邏輯，縮行負責層次關係，加粗負責突出重點。所有複雜花俏的內容，基本都可以用這三種方式實現。

第三，邏輯清晰的正文。

外國人喜歡稱呼對方「Dear xx」，你可以說「尊敬的某某」；外國人喜歡用「I hope this Email finds you well」（我希望這封郵件能被你看到）開場，你可以說「見信好」。

問候之後，郵件正文一定要分段，每段只講一件事情。每段的首句，是整段概括；用小段，不要用大段；用短句，不要用長句；用簡單的詞，不要用複雜的詞；能用一百個字講清楚的，不要用一〇一個字。

結尾部分，總結郵件內容，首先跟對方強調需要他跟進的事情，比如「懇請您撥冗回覆修改意見，非常感激」。其次，「祝：商祺」；親密一些的，如「祝：春安」；再親密一些的，如「祝：家人都好」。最後署名，如「劉潤，潤米諮詢」。

第四，良好的回信習慣。

收到郵件盡快回覆，這代表了你的能力、效率、對對方的重視程度。回信的專業性，代表你的職場素養程度。

要善用副本、密件副本、回覆、回覆全部等功能。起草郵件時，就要決定副本哪些人，一個不多，一個不少，是功力；回覆郵件，添加、刪除、移動副本者，更是功力。如果發件人同時副本給多人，則通常需要選擇「回覆全部」，而不僅僅是回覆發件人本人，因為他副本的目的就是希望大家都能持續關注郵件對話。當然，如果你覺得沒必要這麼多人關注，可以把一些人從副本移到密件副本，然後在正文中註明「為了不打擾大家，我把某某移到了密件副本」。這樣，相關人等就會知道從下一封信開始，他們將會離開討論。

如果郵件來來回回太多次，甚至討論的主題都發生變動，那麼可以修改主題，或者重新寫一封新郵件，而不是「回覆：回覆：回覆……」。

在按下「發送」鍵之前，務必再次檢查郵件標題、稱呼、文字、附件等要素。

KEYPOINT

郵件禮儀

我們和很多人這輩子可能只會通過郵件溝通，「見郵件如晤」。郵件不一定要花枝招展，但必須乾乾淨淨。第一，用正式的顯示名和總結性的標題；第二，格式簡單大方；第三，正文要邏輯清晰；第四，養成良好的回信習慣。

3 時間顆粒度反映專業程度——時間顆粒度

時間顆粒度，是一個人安排時間的基本單位。想擁有受人尊敬的職場素養，恪守時間，理解並尊重別人的時間顆粒度，是基本要求。

二〇一六年十二月，網絡上流傳一張王健林的行程表。這位六十三歲的中國首富，早上四點起床健身，然後飛行六千公里，出現在兩個國家、三個城市，最後晚上七點趕回辦公室，繼續加班。

王健林的行程表公開後，網友們紛紛表示「受到一萬點傷害」，最可怕的事情原來是：比我成功無數倍的人，居然還比我更努力！這個時代，到底還給不給年輕人機會啊？這其實一點都不奇怪，有不少成功人士的努力程度是外人無法想像，甚至不願想像的。從王健林的這張行程表裡，我看到一樣東西——職場素養。我在朋友圈裡寫道：外商企業的高階主管們，很多遠不到首富級別的人們，都是這樣的……時間顆粒度，可以看出一個人的專業程度。

什麼叫時間顆粒度？

時間顆粒度，是一個人安排時間的基本單位。根據行程表，王健林的時間顆粒度很細，大約是十五分鐘。「和海南省領導會見」？嗯，很重要，安排十五分鐘吧！

另一個把時間切成顆粒的人，是全球首富比爾．蓋茲。英國《每日電訊報》（*Daily Telegraph*）的一位資深記者說，蓋茲的行程表和美國總統類似，基本時間顆粒度是五分鐘。有一些短會，乃至與人握手，則按秒數安排。這哪裡是把時間切成顆粒啊，簡直是把時間碾成粉末！這種「按秒數安排」的情況並非誇大，我就親眼見過。

二〇〇二年，比爾．蓋茲到訪中國，在北京香格里拉飯店參加一些重要會面。微軟中國的同事們為了他的到來，一遍又一遍測量：從電梯口到會議室門口要走多少步、幾秒鐘。我當時就在現場，親眼見到每個會議室都坐著一位等著他握手、簽字的重要客人。蓋茲來了之後，一個房間一個房間的握手、簽字、拍照、離開，幾乎分秒不差。

每個人都有自己的時間顆粒度。王健林是十五分鐘，蓋茲是五分鐘，而大部分人是一小時、半天，甚至一天。**恪守時間，是職場素養的基本要求。**為什麼很多人不守時？因為他們的時間顆粒度過於粗獷。

有一次，中央電視台採訪王健林，結果主持人和攝製組遲到了三分鐘，王健林當著他們的面坐車絕塵而去。這位主持人感慨的說：「一分鍾不等，一點臉不給，老王就是霸氣。」其實不是王健林霸氣，而是時間顆粒度也許是一小時的主持人無法理解，對於一個時間顆粒度是十五分鐘的人來說，三分鍾意味著什麼。

是否恪守時間，是衡量一個人在商業世界中是否專業的一個重要標準。理解了時間顆粒度的概念，就會明白：恪守時間，其實是理解並尊重別人的時間顆粒度。具體應該怎麼做呢？

第一，理解別人的時間顆粒度。

理解是尊重的前提。時間顆粒度為一小時的人，去評價一個時間顆粒度為十五分鐘的人，他的心態往往是：至於嗎？耍什麼大牌啊？時間顆粒度為一天的人，喜歡說：「你到北京了？那怎麼不順便繞道天津來看我一下啊？」時間顆粒度為半天的人，喜歡說：「你下午在辦公室嗎？我過來找你聊聊天。」時間顆粒度為一小時的人，喜歡說：「路上堵瘋了，我還有一會兒就到，你等我一下啊。」時間顆粒度為半小時的人，喜歡說：「這事微信裡說不清楚，我給你打電話吧。」

這些話都沒錯。但是如果別人不去天津看望你、拒絕你的臨時到訪、不諒解你的遲到，或者不接你的電話，你要理解，那只是因為他的時間顆粒度和你不同。

第二，提升自己的時間顆粒度。

檢查一下自己的時間顆粒度。看看你平時約人開會，一般會占用多長時間。如果通常都是半天，那麼你的時間顆粒度就是半天。如果真是半天，你也不用自責，隨著個人愈來愈成功，時間愈來愈值錢，你的時間顆粒度一定會變得愈來愈細。這是自然而然的事情，不用強求。

但是，當和別人打交道的時候，具有職業素養的商業人士會懂得，至少以三十分鐘為單位安排時間，以一分鐘為單位信守時間。這就是專業。

第三，善用日曆管理時間顆粒度。

現在的電腦、手機都自帶日曆工具。建議大家把所有行程安排都放入日曆，而不是大腦中，然後利用工具，逐漸管理愈來愈細的時間顆粒度。關於工具，我個人比較喜歡用 Outlook，大家也可以用其他手機自帶的工具。

KEYPOINT

時間顆粒度

時間顆粒度是一個人管理時間的基本單位。有人的時間顆粒度是半天，比如退休老人；有人的時間顆粒度是十五鐘，比如王健林；有人的時間顆粒度是五分鐘，比如比爾．蓋茲。在商業世界中，擁有受人尊敬的職業素養，恪守時間，是一項基本要求。而恪守時間的本質，就是理解並尊重別人的時間顆粒度。

4 事實有真假，觀點無對錯——事實與觀點

事實，是可以被證實或者證偽的東西。事實有真假，觀點無對錯。遇到不同觀點時，不要面紅耳赤，要學會說「有趣」，接受彼此的不同。

假如我問幾個刻意找碴的問題：你覺得，某名人的身高有沒有超過一百七十公分？某作家的書是不是別人代筆的？或者，你覺得中醫是不是偽科學？上帝是不是一些人的臆想？

大家不用著急回答，我甚至都不建議大家在公開場合隨便回答這些問題，因為它們都是能讓好朋友爭論到面紅耳赤，從此割席斷交的「分手題」。為什麼會這樣？因為大家在討論這些問題之前，往往都沒有分清楚，討論的到底是一個事實，還是一個觀點。

什麼是事實，什麼是觀點？

舉個簡單的例子，比如「今天天氣好熱」，請問：這是事實，還是觀點？有的

人可能會想：天氣變熱或變冷，這是自然規律，不以人的意志為轉移，應該是事實吧。錯！「今天天氣好熱」不是事實，是觀點。那什麼才是事實呢？「今天氣溫三十度」，這才是事實。至於在三十度的氣溫之下，是覺得熱還是覺得冷，每個人都可以有不同的觀點。或許有人要接著反駁：三十度還覺得冷？這不是有病嗎？但是，就算全世界百分之九九．九九的人都覺得熱，你也不能說那百分之〇．〇一的人覺得冷就是錯的。

事實有真假，但是觀點只要符合兩點，就沒有對錯之分：第一，不違反事實；第二，邏輯自洽。如果有人認為只有自己的觀點才是無可辯駁的正確，任何與之相悖的事情都是錯的，那麼他就是在商業世界中持有「地心說」而不自知。

職場素養的基礎，是尊重；尊重的基礎，是理解；理解的基礎，是接受不同；接受不同的基礎，是能夠區分事實和觀點。

先說事實。

事實，就是在客觀世界中，可以被證實或者證偽的東西。有人說：「小龍蝦是日軍的化學武器。」這個「事實陳述」，可能為真，也可能為假。如果你不信，可以不搭理。如果你打算搭理，就不要說「我真為你的無知感到羞恥」，這樣雙方很可能會打起來。你可以說：「請問你是怎麼確定的？」這就是一種證實或者證偽的態度。

如果他回答：「我從一篇微信文章中看到的。」你千萬別說「真為你的判斷力感到羞恥」，可以說：「我在微信裡看到過不少謠言，比如……後來都闢謠了。你確定那篇文章一定屬實嗎？」這才是一種證實或者證偽的態度。

關於事實，不需要辯論，只需要驗證。

再說觀點。

觀點，就是在一套認知體系中，不違反事實，邏輯自洽，因此無法被證明對錯的東西。

比如有人說：「iPhone是最好用的手機」——這是觀點，不是事實。你問他為什麼這麼認為，他回答：「因為應用程式最多啊！」這說明在他的認知體系裡，應用程式多的就是好手機。

要是你繼續問：「為什麼應用程式多的就是好手機？」他可能會驚訝的望著你：「這是共識啊！」這說明他是個「地心說」患者，認為自己的道理，就是世界運行的公理。

但是話說回來，他認為應用程式多的就是好手機，這有錯嗎？其實沒錯。在他的認知體系裡，他當然可以這麼認為。如果你硬要糾正他「你錯了，iPhone 太封閉了，系統開放的才是好手機」，這時候，你就和他一樣了，也變成「地心說」患者。這麼爭來爭去是爭不出結果的，因為你們爭論的不是「iPhone 是不是最好用的手機」，而是「到底什麼樣的手機才是好手機」的認知體系，但其實只要雙方的認知體系不違反基本事實，又能邏輯自洽，也就是能自圓其說，就永遠不會被對方說服。

那麼，專業的表述應該是怎樣的呢？你可以說：「站在應用程式多少的角度，如果數據支持，iPhone 可能確實是最好用的手機。但是從系統是否開放的角度，我個人認為 iPhone 並不是做得最好的。僅供你參考。」說完這句話，你就會發現，大家立刻沒什麼好辯論的了。

美國人從小學就開始接受教育，區分「事實」和「觀點」。

很多美國人喜歡說「interesting」。當一個美國人這麼對你說時，你別以為他認同了你的觀點，這句話的真實意思可能是：你居然是這麼看待這件事的。也就是說，他並不認同你的觀點，但是認同你可以有自己的觀點。

KEYPOINT

事實與觀點

事實，就是在客觀世界中，可以被證實或者證偽的東西；觀點，就是在一套認知體系中，不違反事實，邏輯自洽，因此無法被證明對錯的東西。事實有真假，觀點無對錯。遇到不同觀點時，不要爭得面紅耳赤、割席斷交，而要說「有趣」。

5 職場素養是商業世界的教養——職場素養

如果你能足夠尊重別人，在商業世界中表現出職場素養，就能贏得別人的尊重，降低與整個世界的信任成本，獲得更大的商業成功。

前面講了有關「職場素養」的概念，通訊軟體禮儀是職場素養，郵件禮儀是職場素養，尊重別人的時間顆粒度是職場素養，分辨事實和觀點也是職場素養，似乎「好的東西」都是職場素養。

關於職場素養，我非常喜歡這樣一種解釋：職場素養是商業世界的教養。

什麼是教養？

假設大雨剛停，馬路上有很多積水。一位司機開車從行人後方駛來，行人趕緊向旁邊躲避。這時，司機踩煞車減速，緩緩經過，沒有濺起一滴髒水，直到開出很遠之後，才重新加速。這就是教養，一種對自己利益和別人得失的分寸拿捏。

司機繼續往前開，到了一個開闊的三岔路口，看見「暫停」的標誌，但四面無車，也沒有行人。司機沒有減速轉彎，而是按照交通標誌，把車完全停住，左右看看，再重新啟動汽車，右轉前行。這就是教養，一種在既定規則之下，對自己的克制。

教養的本質，就是對外的分寸感和對內的克制力。排隊買票、不大聲喧譁、不亂丟垃圾、自動手扶梯靠右站等，都源自這種分寸感和克制力。因為你尊重別人，所以別人也會尊重你、信任你。從長遠來看，你會得到更多人的幫助，最終獲得更大的個人成功。

在商業世界也是一樣。我們每天都要與很多客戶、合作夥伴、供應商、競爭對手打交道，如果能夠做到足夠尊重別人，在商業世界中表現出高超的教養，也就是職場素養，不僅合作夥伴會尊重、信任我們，就連競爭對手也會覺得我們值得敬重，從而不斷降低信任成本，積累愈來愈多的影響力和勢能，最終獲得更大的商業成功。

用商業世界中的教養——尊重別人使用微信的方式、尊重別人查收郵件的習慣、尊重別人的時間顆粒度、尊重別人的觀點——贏得別人的尊重，降低與整個世界的信任成本，就是所謂的「職場素養」。在商業文明愈來愈發達的今天，職場素養可以幫助我們避免在不經意間損失了別人對自己的尊重和信任。

那麼，與之相反，有哪些行為是非職場素養的表現呢？

第一，失信。

有些人很喜歡說「這件事包在我身上」、「放心，你的事就是我的事」、「沒問題，明天就幫你搞定」，可是第二天睡醒之後，連自己說過什麼都忘了。完全不把承諾當回事，或者做超出自己能力的過分承諾，都是職場素養的大忌。有這種行為習慣的人，很難在商業界立足。而這種行為氾濫的行業，基本已經脫離商業社會了。

第二，遲到。

「只是遲到十五分鐘而已，保證不耽誤後面的事，還是按照原訂時間，準時結束。」這也是一種很危險的想法。你把和別人約定的一小時，當成了自己的財富，然後大手一揮：「這十五分鐘我不在乎，沒了就沒了。」但是要記住，這十五分鍾不是你的，如果四十五分鐘真的可以聊完，那省下來的十五分鐘，對方一定有比等你更重要的事情可做。

千萬不能遲到。如果真的遲到了，一定要誠懇的道歉，並且補償對方。

第三，勸酒。

「你不喝，就是看不起我！」這是中國商業界的一道奇觀，讓外國人看得目瞪口呆。「你喜歡喝，就喝；我不喜歡喝，就不喝」，而「我不喝就是看不起你」，這究竟是什麼邏輯？

勸酒，究其根源，是一種「服從性測試」。勸酒、服毒、投名狀，都是在商業文明還不健全的時候，用來建立信任的手段。乾了這一瓶，就把訂單給你；吞下這顆毒藥，完成任務後再給你解藥；提著人頭上梁山，我們就是兄弟……都是一個道理。

如果你喜歡喝酒，僅僅把它當成自己的愛好吧。

第四，打擾。

曾經有人給我留言：「劉潤老師，我是個創業者，有個項目想聽聽你的意見。」這條消息被淹沒在眾多陌生留言中。對方繼續說：「劉潤老師，你能回覆一下嗎？」我沒回。他又發過來：「劉潤老師，你的意見對我很有價值。」我還是沒回。最後他生氣了：「沒想到你是這樣的劉潤老師！」

每個人都有自己的目標、計畫、任務、優先級，甚至自己的困惑。如果別人正好有空幫到你，你可以選擇感激。但如果別人有自己的事情要做，沒能幫到你，也不要覺得這個世界傷害了你。

KEYPOINT

職場素養

職場素養的本質，是通過尊重別人，從而贏得尊重，降低信任成本。職場素養是商業世界的教養，來自對外的分寸感和對內的克制力。而非職場素養的表現包括失信、遲到、勸酒和打擾。

時間筆記

第 2 篇

PART TWO

第三章 時間管理

花時間做，還是花錢買——**時間成本**

讓大腦用來思考，而不是記事——**GTD**

別讓猴子跳回背上——**背上的猴子**

人生的不同由第三個八小時創造——**三八理論**

人真的可以三頭六臂嗎——**番茄鐘工作法**

1 花時間做，還是花錢買——時間成本

時間成本，就是這個時間如果用於做別的事情，可以獲得的利益。懂得計算時間成本，可以幫我們在很多事情上做出理性決策。

請考慮幾個問題：你願不願意每月多花兩千元房租，搬到離公司近的住處？你願不願意為了買新手機，每天多工作二十分鐘？你願不願意省吃儉用二十多年，來買一棟房子？你願不願意花一百九十九元，訂閱《劉潤．5分鐘商學院》？

要回答這些問題，首先要理解一個概念：時間成本。

二〇〇六年的一天，我從上海徐家匯叫車去浦東機場。計程車司機很健談，一路上跟我聊起了他的「商業模式」：「幹我們這一行，也要用科學的方法……我每天開十七個小時的車，每小時成本三十四．五元……」

「你怎麼算出來的？」我追問。

他說：「你算啊，我每天要交給公司三百八十元，花大概兩百一十元的油費。

一天開車十七小時，平均下來，大概每小時分給公司的錢是二十二元、油費十二．五元。加起來，每小時的時間成本不就是三十四．五元嗎？」

我第一次聽計程車司機計算時間成本。大多數計程車司機都是計算每公里成本的。他計算時間成本有什麼用呢？

他說：「有一次一個人叫車去火車站，我告訴他從地面走會很堵，建議從高架走。乘客不同意，覺得繞遠了。我就跟他商量，從地面走的話大概五十元，只要他同意走高架，我只收五十元，多的算我的。花一樣的錢，還能幫他省時間，他當然高興了。」

這個計程車司機多繞路、少收錢，不傻嗎？其實，我們只要理解了「時間成本」的概念，就能理解他的決策邏輯了。多走四公里路，花的油費大概是一元；少花二十五分鐘，按每小時三十四．五元計算，就是節省了十四元。這省下來的二十五分鐘，他還能接送其他乘客，收入可能不只十四元。這麼算下來，多花一元，卻節省了至少十四元，他到底是傻，還是聰明？

一般的計程車司機，一個月賺三、四千元，好的大概五千元，頂級的大概七千元。兩萬個司機當中，只有兩三個能賺到每月八千元以上。這位計程車司機就是其中之一。

後來，我把這次的真實經歷寫成文章〈計程車司機給我上的MBA課〉，發表在部落格上，沒想到很快在網絡上流傳開來。

什麼是時間成本？

時間成本，通俗的說，就是如果把這個時間用於做別的事情時，可以獲得的收益。它是一種特殊形式的機會成本。懂得計算時間成本，可以幫助我們做出理性決策，比如一件事情到底是自己做划算，還是花錢請別人做划算。

那麼，在日常生活中該如何計算時間成本，以及如何運用時間成本的邏輯？

我們不妨來練習一下，假如你的月收入是一萬元，每月有二十一個工作日，每個工作日工作八小時。那麼，你每小時的時間成本就是五九・五元左右（一萬元÷二十一天÷八小時）。

接下來做場景練習。第一個場景是租房。由於租住地離公司很遠，每天往返需要兩小時。所以，你每天的交通成本就是一一九元（五九・五元×兩小時），一個月就是二四九九元（一一九元×二十一天）。假如你願意每月多花兩千元房租，搬到公司樓下，就可以節省二四九九元的時間成本。這個時候，你應該搬。

第二個場景是換手機。你花七千元買了一支iphone，只用一年，就想換了。一年大概是兩百五十個工作日，相當於每天的手機使用費就是二十八元（七千元÷二五〇天），而你每小時的時間成本是五九．五元，這意味著什麼？意味著為了買這個手機，你每天要多工作二十八分鐘（二八元÷五九．五元＝〇．四七小時）。你願不願意？很多人可能會說「不願意」，但實際上他們就是這麼做的。

第三個場景是買房子。二〇一六年上海的平均房價是一平方公尺四萬元。你想買一套一百平方公尺的房子，總價大約四百萬元。如果再算上二十年的利息，大概要花五百五十萬元。那麼，每天要賺多少錢才夠呢？每天需要賺一千一百元（五五〇萬元÷二十年÷二五〇天）。而你每小時的時間成本才五九．五元，相當於每天要工作十八．五小時。

第四個場景是訂閱《劉潤．5分鐘商學院》。每期知識至少能幫你節省一小時的學習時間，一年兩百六十期，至少節省兩百六十小時。

KEYPOINT

時間成本

時間成本，就是如果把這個時間用於做別的事情時，可以獲得的收益。懂得計算時間成本，可以幫助我們做出理性決策，比如一件事情到底是自己做划算，還是花錢請別人做划算。

2 讓大腦用來思考，而不是記事——GTD

為了不因遺忘而焦慮，最重要的祕訣是給大腦外接一個「外接硬碟」，把待處理的事項從大腦中清除，讓大腦用來思考，而不是記事。

有的人可能經常有這樣的感覺：好像有什麼重要的事情沒做，但就是想不起來。結果第二天晨會上，老闆問起，頓時感覺五雷轟頂，突然想起來了。或者早上上班，坐在計程車上，靈光一現，想到一個絕妙的主意，喜出望外，可是到了辦公室卻什麼也不記得，非常抓狂。

遺忘，讓時間管理失去了意義：連做什麼都忘了，還管什麼時間！是因為人老了，不中用了嗎？當然不是。

瑞士巴塞爾大學（Universität Basel）的研究發現，遺忘是大腦的一種自我保護機制。通過遺忘，大腦刪除一些不必要的資訊，騰出空間，讓神經系統正常運轉。破壞此過程，可能導致嚴重的精神疾病。

這聽上去很令人安慰：原來，「過目不忘」才是病啊！可是，有些事情明明很重要，卻也被刪除了，比如老闆交代的任務、突如其來的靈感、項目的關鍵連接點等，這些都不能忘。

該怎麼辦呢？著名的時間管理人大衛・艾倫（David Allen）說：那就給大腦外接一個「外接硬碟」，把重要的事情從不靠譜的大腦裡挪過去吧。他在《搞定！》（*Getting Things Done: The Art of Stress-Free Productivity*）一書中，提出了一套「外接硬碟」式的時間管理方法——GTD（Get Things Done，完成每一件事）。

真有這麼神奇嗎？我自己用GTD來管理時間，已經有十幾年了，幫助確實非常大。想擺脫因遺忘而產生的焦慮，最重要的祕訣是：把所有的待處理事項全部從大腦中清除出去，讓大腦用來思考，而不是記事。**這套方法有三個核心：蒐集、處理和回顧。**

第一，蒐集。

我們需要一個「蒐集籃」，安放那些從大腦裡清除出來的事項。十幾年前，很多人會用小本子做蒐集，但小本子不便於檢索。如今已經是手機時代了，我們可以把所有事情蒐集到一些電子蒐集籃裡，比如Evernote。

作為電子蒐集籃，Evernote做得很不錯。收到電子郵件，可以轉發給Evernote；讀到好的微信文章，可以分享到Evernote；看到一條有啟發的新浪微博，可以標籤Evernote；瀏覽器上看到一篇新聞，可以點擊Evernote按鈕蒐集；在「得到」應用程式裡聽了一本書，可以打開文稿同步到Evernote；多看閱讀裡有很多讀書筆記，可以自動建立Evernote；突然迸發的一個靈感，可以用手機端Evernote的快捷鍵蒐集；收到一張名片，可以拍張照自動識別到Evernote，等等。

清空大腦，把所有事情放入蒐集籃，是GTD的第一步。

第二，處理。

清空大腦之後，就要處理蒐集籃了。在電梯裡、計程車上、等飛機時，一切零碎的時間都可以用來處理蒐集籃。

在處理蒐集籃中的每一件事情時，有以下六種做法。

1、刪除。對一時衝動放入蒐集籃，但事後看來無價值的事情，立刻刪除。

2、放入「歸檔」目錄。將有價值的資料，比如微信文章、多看筆記等，移到「歸檔」目錄中。

3、放入「將來／可能」目錄。有些事情需要在某個時間去做，但不是馬上，比如寫一篇文章、讀一本書等，把這些移到「將來／可能」目錄中。

4、放入「等待」目錄。有些事情需要指派其他人完成，那就立刻指派，比如讓祕書訂機票等，然後移到「等待」目錄中，再增加一個到時提醒。

5、放入「下一步行動」目錄。有些事情需要你親自完成，比如給老闆發送會議記錄、打電話給客戶做回訪等，把這些移到「下一步行動」目錄。但是，如果是幾分鐘就能做完的事情，比如回覆一封郵件，那就立刻回覆，不用移了。

6、建立「項目」目錄。有的事情，如果下一步行動會有很多步驟，就已經是一個項目了。所以，為項目建立一個專門的目錄，定期回顧處理。

請記住，只有這六種處理方式。對移出蒐集籃的事情，就再也不要放回來。在大多數情況下，蒐集籃應該是空的。

第三，回顧。

蒐集，是把事情從大腦中清空；處理，是把事情繼續從蒐集籃裡清空。然後呢？就是回顧了。比如早上開始一天的工作之前，先想一想：今天要幹什麼？打開「下一步行動」目錄，一件一件做就好了。

如果「下一步行動」目錄是空的呢？恭喜你。那麼可以看看「項目」目錄裡的事情，有沒有新進展？「將來／可能」目錄裡，有沒有值得做的事情？「等待」目錄裡的事情，別人都已經完成了嗎？都完成了，太好了！但也可能是因為你實在太空閒了，找點事情放入蒐集籃吧，然後，隨時回顧、每天回顧、每週回顧。

KEYPOINT

GTD

這是一套「把大腦用來思考，而不是記事」的時間管理方法，通過借助外部工具，比如Evernote，第一步清空大腦，把所有事情放入蒐集籃；第二步處理蒐集籃，把事情按照刪除、歸檔、將來／可能、等待、下一步行動、項目的方法歸類；第三步隨時回顧、每天回顧、每週回顧，從分類中提取需要完成的事情，然後行動。GTD可以消除焦慮，讓我們專注於思考和解決問題。

3 別讓猴子跳回背上——背上的猴子

想避免下屬或者孩子「逃避責任」的依賴心理，試試用「你覺得呢」來提問，幫他們養成「只出選擇題，不出問答題」的習慣。

一天早上，老闆開完晨會，正拿著筆記型電腦和咖啡，快速走回辦公室。這時，一個下屬攔住了他：「老闆，有件事要徵詢您的意見，占用您一分鐘……您覺得怎麼處理好呢？」老闆應該怎麼回答？

A、「我現在很忙，我想想再告訴你。」

B、「你應該這樣……」

假如你是老闆，你會選擇A還是B？

從管理，尤其是時間管理的角度看，無論A還是B，都不是正確的答案。為什麼？因為你把本應由下屬照料的「猴子」抱到了自己懷中。這就是著名的「猴子理論」。

猴子理論，是由威廉・安肯三世（William Oncken, Ⅲ）提出的一個有趣理論。他在著名的暢銷書《別讓猴子跳回你背上》（*Monkey Business:are you controlling events or are events controlling you?*）中，把責任，或者「下一步動作」，比喻成猴子。一件事，本來是下屬的責任，但是因為每個人都有逃避責任的天性，他們遇到困難時，在家依賴父母，在公司依賴老闆。像「您覺得怎麼處理好」這樣的問題，其實就是他把自己的責任——那隻「猴子」，抱到老闆面前，然後問老闆：您幫我照顧一下這隻猴子好嗎？

如果老闆回答了A：「我現在很忙，我想想再告訴你」，就相當於說：好吧，先把猴子給我，你去玩會兒吧。下屬瞬間就會興高采烈的不見了。但是過幾天，他會再次出現在老闆辦公室的門口，探進頭來問：「老闆，那件事您想得怎麼樣了？」

如果老闆回答了B：「你應該這樣……」，就相當於說：照我說的做，給猴子吃這個藥、打那個針。下屬也會興高采烈的走了。但是過幾天，他同樣會出現在老闆辦公室的門口，探進頭來問：「老闆，那隻猴子死了。您看下面該怎麼辦啊？」

所以，你選A，是幫他承擔決策的責任；選B，是幫他承擔決策可能失敗的責任。

假如你有十個下屬，每個人每週都扔三隻猴子給你照顧，那麼你一週要照顧三十隻猴子，牠們會爬滿你全身，讓你焦頭爛額，完全沒有時間處理自己的事情。

正確的做法是什麼呢？

當下屬問「您覺得怎麼處理好」時，老闆可以回答：「你覺得呢？」這個回答是一個神句，作為管理者，都應該對著鏡子多練習幾遍。

有的下屬會接著說：「老闆，我想不出來，才來找你的。」老闆可以回答：「這樣，你先找幾個人腦力激盪一下，大家一起再想想。我今天下午五點半有時間，到時候，你拿幾個方案，我們再討論。」

下午五點半，下屬果然帶著五個方案來了，他講完後又問：「您覺得哪個方案好呢？」這個時候，老闆又該怎麼回答？對了，還是那句：「你覺得呢？」

下屬說：「A不錯。」老闆可以說：「A是不錯，但是你有沒有考慮過這種情況……」

下屬說：「有道理。那我覺得B更好。」老闆可以說：「B也很好，可是如果競爭對手……怎麼應對？」

下屬說：「看來，還是C最好。」老闆可以說：「太棒了！就這麼做。下週五你再來找我，我們一起看看效果如何。」

這時，那隻猴子把已經搭到老闆肩上的那隻手，又放回到下屬身上。

組織中最基本的原則是「責權利心法」。但是，很多人都有逃避責任的心理，依賴老闆幫自己承擔決策的責任，以及決策可能失敗的責任。而有些老闆也很享受這種被依賴的感覺，結果被下屬的猴子占據了所有時間和精力，自己焦頭爛額，下屬也沒有成長。**猴子理論，就是讓責任待在它的主人身上，不要讓別人的猴子爬滿你全身。**

這是一套簡單而有效的時間管理方法。不過，在具體執行的時候，需要注意下面五個原則。

第一，老闆和下屬都必須明確定義猴子——也就是責任、下一步動作——的歸屬，不能出現「你以為在等他，他以為在等你」的狀況。

第二，老闆每次和下屬的討論、輔導，應該控制在五至十五分鐘，每天控制總討論次數。

第三，只能在約定時間內討論，不耽誤老闆自身的責任。「我現在正在趕一份報告，你明天早上八點半來找我，可以嗎？」

第四，討論最好通過見面或者電話的形式，而不能是郵件。見面、電話，是同步溝通，溝通完之後，猴子就回到下屬身上了。而郵件是異步溝通，下屬給老闆寫郵件，老闆沒回覆之前，猴子仍然在老闆身上。

第五，每次討論完，要約定下次溝通的時間。「下週五你再來找我，我們一起看看效果如何。」否則，事情可能會因為遇到困難而不了了之——猴子被下屬拋棄，餓死在路上。

KEYPOINT

猴子理論

猴子理論，就是讓責任待在牠的主人身上，不要讓別人的猴子爬滿你全身，結果自己焦頭爛額，別人也無法成長。正確的做法是，老闆用「你覺得呢」來提問，幫助下屬養成「只出選擇題，不出問答題」的習慣。這樣既節省老闆的時間，也培養下屬的能力。

4 人生的不同由第三個八小時創造——三八理論

每天要爭取為自己留出不少於二至四小時「不被打擾的時間」，投資在個人成長上。善用第三個八小時，持之以恆，日拱一卒[3]，就能創造不一樣的人生。

你知道為什麼現在人們一天工作八小時，而不是十小時或者六小時嗎？

一八一七年以前，社會普遍的工作時間是十四至十六小時，高強度的體力勞動會導致二十多歲的小夥子早早白頭。這一年，著名實業家羅伯特．歐文（Robert Owen）提出了「八小時工作，八小時自由支配，八小時休息」的口號，但是資本家不接受。直到一八八六年，美國三十五萬工人忍無可忍舉行大罷工，才換來了今天的八小時工作制。

前人用生命抗爭，好不容易為我們爭取到「八小時自由支配」的時間，今天我

3 日拱一卒：比喻每天一點努力，像棋子一樣一格一格慢慢前進；通常下句會與「功不唐捐」對接。

們是如何支配的呢？有人說：「我全用來打遊戲了」；有人說：「我追了幾百集的韓國電視劇」；有人說：「我好像什麼都沒幹，時間就過去了」。

上天公平的給了每個人每天二十四小時。第一個八小時，大家都在工作；第二個八小時，大家都在睡覺；第三個八小時，你會幹什麼呢？人與人的區別，其實主要是由第三個八小時造成的，這就是著名的「三八理論」。

我第一次聽說三八理論的時候，渾身一震。如果我們每天花兩小時上下班、兩小時吃三餐、兩小時休息娛樂（比如購物、看電視、一個人發呆、滑手機等），那真正可支配的時間就只有兩小時了！算完這筆帳之後，我開始把「善用第三個八小時」作為自己最重要的時間管理手段之一。

具體應該怎麼做呢？我分享自己的幾個感悟。

第一，找到「不被打擾的時間」。

三八理論的核心，是每天要從萬千瑣事、突發狀況中，爭取出二至四小時「不被打擾的時間」。很多事情，比如學習、寫作、思考，只能在「不被打擾的時間」裡完成。連續的、不被打擾的兩小時，價值遠遠超過八個十五分鐘。

從哪兒找這二到四小時？假如你每天六點鐘下班，吃完晚飯後，最早八點鐘，最晚八點半。這時就可以開始自己「不被打擾的時間」了，一直到晚上十一點鐘。這二到四小時非常寶貴，但可惜的是，這段時間通常也是朋友們最亢奮的時間，他們會不停的打電話、發簡訊、玩微信，所以，你需要有足夠的定力。

你還可以嘗試下班後從六點鐘到八點鐘的這兩個小時。這段時間裡，大多數人都堵在回家的路上，或者在餐廳門口排隊。你可以把自己關在辦公室，給自己安排不被打擾的兩小時，然後在離峰時間回家、吃晚飯。

再或者，每天提前一至二小時到辦公室。比如，我每天早上八點鐘到辦公室，整個房間裡只有我一個人，這非常清醒的一小時，甚至可以當兩小時來用。

第二，分清「交易、消費和投資」。

時間有三重特性：交易、消費和投資。你支付給老闆每天八小時、每月一百六十八小時（按每月二十一個工作日來算），老闆回報給你每月一萬元的薪資，這是交易；你把自己珍貴的二至四小時「不被打擾的時間」拿來打遊戲、看電視劇、滑手機等，這是消費；你把這段時間用來學習《劉潤．5分鐘商學院》，這就是投資。

有人問：那我就不能打遊戲、看電視劇了？當然不是，遊戲可以打，電視劇可以看，但是請用別的時間。別的時間在哪兒呢？那就靠每個人自己安排了。比如，等電梯的時間、坐計程車的時間……什麼時間都行，只要保證把「不被打擾的時間」用於投資。

有人又問：如果時間不夠怎麼辦？有可能的話，你可以搬到離公司近的地方住。我家離我的辦公室只有兩百公尺，這讓我感覺自己每天都比別人多了兩小時。或者，用叫車、坐捷運代替開車，這樣又能省出把雙手放在方向盤上的時間了。

第三，持之以恆，日拱一卒。

有的人會心血來潮，某一天突然愧疚式的學習兩小時，甚至五小時，但都是沒用的。

我從二〇〇三年開始堅持寫部落格，到二〇〇六年寫出〈計程車司機給我上的MBA課〉一文，然後又堅持寫了十年專欄，到二〇一六年才寫出大家今天看到的專欄《劉潤．5分鐘商學院》。所以，持之以恆，日拱一卒，才會有成效。

KEYPOINT

三八理論

上天公平的給了每個人每天二十四小時。第一個八小時，大家都在工作；第二個八小時，大家都在睡覺；而人與人的區別，其實主要是由第三個八小時造成的。怎樣才能善用第三個八小時，創造不一樣的人生呢？第一，找到「不被打擾的時間」；第二，分清「交易、消費和投資」；第三，持之以恆，日拱一卒。

5 人真的可以三頭六臂嗎——番茄鐘工作法

為了節省「任務切換」導致的時間浪費，可以用番茄鐘工作法，每集中精力工作二十五分鐘，休息五分鐘，保證專注度。

你有沒有遇到過這樣的情況：正在準備第二天會議的演講稿，一位朋友打電話過來向你大吐苦水，你不得不一邊聽著他的抱怨，一邊扒幾口快要冷掉的午餐。這時，電腦螢幕上彈出來郵件資訊，你順手點開，發現居然是個搞笑影片。你忍住不笑出聲來讓朋友聽見，關掉郵件。掛斷電話之後，再回到演講稿上來，卻發現腦子一片空白，只好鬱悶的喝了口湯……

我們常常夢想自己要是有三頭六臂就好了，或者能像電腦一樣，同時處理好幾項任務。人真的可以三頭六臂嗎？真的可以同時處理好幾項任務嗎？

學過計算機原理的人都知道，電腦同時處理多項任務，其實是通過把CPU（中央處理器）的計算時間切成足夠小的時間切片，然後快速的輪流使用而已。也就是說，所謂的「多任務」，其實是高速切換的單任務。比如我的筆記型電腦，它把一秒鐘切成二十二億等份，供各個軟體輪流使用，切換的速度快到讓人完全感覺不出來。

那麼人腦呢？人腦中有一個叫「丘腦」（Thalamus）的組織，其作用和電腦的任務切換機一樣。當然，人腦切換任務的效率遠不如電腦。假設一個人正在專心致志的做一件事情時，突然被電話打斷，哪怕只打斷一分鐘，他想要重新集中注意力至少需要幾分鐘，甚至十幾分鐘。也就是說，**人腦每一次切換任務，都有可觀的時間成本**。三頭六臂式的多任務，不但不會節省時間，還會造成大量的時間浪費。

於是，很多人都在研究，到底多小的時間切片、多快的切換速度，是人腦最佳的工作頻率？一九九二年，弗朗西斯科·西里洛（Francesco Cirillo）發明了「番茄鐘工作法」。

番茄鐘工作法，就是指把人腦當作CPU，切割成以三十分鐘為單位的時間切片——每次集中精力工作二十五分鐘，休息五分鐘。可以用廚房常用的番茄鐘來計時，所以被稱為「番茄鐘工作法」。

從時間管理的角度看，番茄鐘工作法其實就是用合適的時間顆粒度，來保證注意力的專注度，節省任務切換導致的時間浪費。

具體怎麼做呢？非常簡單，買個番茄鐘（蘋果鐘、西瓜鐘都行），然後坐到桌前，從GTD的「下一步行動」目錄中，拿出一件事情來，就可以立刻嘗試番茄鐘工作法了。但是，為了獲得最好的效果，有幾個地方需要注意。

第一，防止被打斷。

一次打斷會帶來兩次大腦任務切換，一來一回，可能就會浪費幾分鐘。番茄鐘工作法的關鍵是防止被打斷，全神貫注二十五分鐘。

最被動的打斷往往來自電話。可以關掉手機，或者設置成勿擾模式，只允許老闆、家人的電話打進來。把簡訊設置成自動回覆：「現在正忙，稍後給您回電。謝謝。」要是老闆真的打電話來呢？接通之後，如果不是急事，可以禮貌的說：「老闆，我知道了，我三十分鐘後回覆您可以嗎？」

最誘人的打斷來自微信。關閉微信和所有應用程式的提醒功能。那些動不動就叮一下、震一下、亮一下螢幕，並且還不能關閉的應用程式，我一律卸載。微信有一個很好的功能，就是可以設置「免打擾一小時」。

最難防的打斷來自自己。有時候，一件事情會突然出現在我們腦海中。比如想起忘記訂火車票，或者冒出來一個靈感。可以放一張紙在手邊，或者打開電腦上的記事本，快速的用幾個字記下這件事情，然後把它清除出大腦，繼續專注二十五分鐘。必須堅決拒絕打斷，否則別拿出番茄鐘。

第二，努力進入心流體驗。

心流體驗是一種忘我的狀態，才思如泉湧，通常半小時過去了，覺得就像過了幾分鐘一樣。努力讓自己進入心流體驗，會事半功倍。

怎麼進入呢？絕對安靜，也許並不能幫助每個人進入心流體驗。相反，在一些背景音（比如流水、下雨、颳風、咖啡館的喧譁，甚至是電視機的雪花音）下，很多人更容易專注。如果你需要這些背景音的話，可以在手機端下載一個叫作「白噪音」的應用程式。

另外，半小時對於心流體驗來說，或許不夠。這也是很多人批評番茄鐘工作法的地方。強制性的設置每半小時一個番茄鐘，會粗暴的打斷心流，休息五分鐘之後，可能再也回不去了。所以，我個人的做法是：設置二五＋五的小番茄和五十＋十的大番茄。處理雜事，用小番茄；在寫作上，用大番茄。

第三，要專注，也要休息。

用電腦時間長了，電腦會發燙；用大腦時間長了，大腦也會發燙。所以，要保證番茄鐘之間的休息。另外，專注可能讓人限於局部，休息則有助於把人拉回到全局。

KEYPOINT

番茄鐘工作法

番茄鐘工作法，就是每集中精力工作二十五分鐘，休息五分鐘。這是一種用合適的時間顆粒度，來保證注意力專注度的工作方法。在執行時需要注意：第一，防止被打斷；第二，努力進入心流體驗；第三，要專注，也要休息。

筆記時間

第四章 學習能力

看不見的彈痕最致命——**倖存者偏差**

知識是經驗的昇華——**經驗學習圈**

為什麼人類不擅長談戀愛——**知識、技能和態度**

做自己的執行長，你有「私人董事會」嗎——**私人董事會**

如何用二十小時快速學習——**快速學習**

1 看不見的彈痕最致命——倖存者偏差

所有成功者其實都是倖存者，但你更要向失敗者學習，意識到沉默數據的存在，「讓死人開口告訴你發生了什麼」。

如何用正確的方式向成功者學習，才能學到他成功的真正精髓呢？聽他的演講、看他的傳記嗎？現在有愈來愈多的人覺得，成功人士的傳記就像心靈雞湯，讓人讀懂了很多道理，卻依然過不好這一生。對於成功者自己來說，如何才能從過去的經驗中找出成功的真正原因，從而使自己獲得第二次、第三次成功，而不是曇花一現呢？

無論是複製別人的成功，還是延續自己的成功，都必須理解成功的真正原因是什麼。而成功者在總結經驗的時候，最容易犯的一個大錯誤就是——倖存者偏差。

「二戰」期間，美國統計學家沃德教授（Abraham Wald）奉命研究一個問題：如何降低戰鬥機被擊落的機率。他經過研究發現，飛機翅膀是最容易被擊中的部分，而飛行員座艙和飛機尾部則是最少被擊中的。但是依據當時的航空技術，機器的裝甲只能局部加強，以免過重。那麼問題來了：到底是應該增強機翼，還是增強座艙和飛機尾部呢？作戰指揮官認為，既然機翼最容易中彈，當然應該增強機翼了。但沃德教授卻建議增強座艙和尾部發動機的位置。

沃德教授認為，作戰指揮官的判斷就是犯了嚴重的邏輯歸因的錯誤：倖存者偏差。從統計的觀點來看，機翼被多次擊中的戰鬥機依然能夠安全返航，而機尾部分很少中彈，並不是因為不會中彈，而是一旦機尾中彈，戰鬥機可能根本就無法返航了。

後來，事實證明沃德教授的建議是正確的。軍方動用敵後工作人員蒐集墜毀飛機的殘骸，發現果然如沃德教授所料，中彈部位主要集中在座艙和尾部發動機的位置。所以，看不見的彈痕最致命。

有時候，**我們要研究的問題，不是倖存者是怎麼活下來的，而是那些不幸的人是如何死去的**。假如採訪倖存者，他們的回答可能會帶有一種並非主觀意願的偏見，因為他們從沒看見過那個看不見的彈痕。遺憾的是，親歷死亡的人卻又無法開口。

倖存者偏差，是一種常見的邏輯謬誤。我們只能看到經過某種篩選產生的結果，並沒有意識到篩選的過程可能忽略了一些非常關鍵的資訊。

那麼，在學習過程中，應該如何避免倖存者偏差呢？

第一，要向失敗者學習。

馬雲曾經說過：「我創業以來最大的心得，就是永遠去思考別人是怎麼失敗的。」財經作家吳曉波寫過一本書《大敗局》，告訴大家如何從別人的失敗中獲得經驗。向失敗者學習的本質就是意識到沉默數據的存在，「讓死人開口告訴你發生了什麼」。

第二，要向反對者學習。

一家公司做了一個產品，想蒐集一些用戶意見。很多熱心用戶提出了各種意見，比如追加某項功能等。但實際上，這些用戶都是產品的倖存者，他們覺得產品還不錯，願意繼續使用下去，只是希望更好，所以才會提意見。可是那些真正覺得產品很爛的人，他們往往用了一次之後就把產品扔掉或刪除了。對公司來說，後者的意見可能更重要，但是「死人無法開口」，公司也許永遠都聽不到他們的意見。如果能夠主動找到他們，問問他們棄用的原因，就能獲得不一樣的視角，收穫更大的價值。

第三，培養識別倖存者偏差的能力。

有個江湖郎中號稱有「包生男孩」的家傳祕方，一副見效，售價兩千元，生下男孩再付錢，不靈不要錢。很多人都去找他。生下男孩的人家，高高興興的交錢；如果生了女孩，不付錢，也不再去找他了。其實按照機率，有一半的人能生男孩。所以，這個江湖郎中平安無事的行騙多年，不僅賺了錢，還掙了一屋子「神醫」的錦旗。而給他送錦旗的人，都是因為倖存者偏差。

所有的成功者其實都是倖存者。我們祝福成功者，但同時要向失敗者學習，拋棄對個案的迷信，全面系統的了解成功的真正原因。一次成功，很多人是靠運氣；二次成功，要想排除運氣的成分，就要靠基於嚴密邏輯思維的戰略思考；而能夠成功三次、四次的企業家，通常是對整個商業世界的運行規律有著深刻理解的哲學家了。

KEYPOINT

倖存者偏差

所有的成功者其實都是倖存者。倖存者偏差是一種常見的邏輯謬誤，我們只能看到經過某種篩選產生的結果，並沒有意識到篩選的過程可能忽略了一些非常關鍵的資訊。避免倖存者偏差，要做到：第一，向失敗者學習；第二，向反對者學習；第三，培養識別倖存者偏差的能力。

2

知識是經驗的昇華——經驗學習圈

一個完整的學習，是「行動—經驗—規律—行動」的四大循環步驟。從行動歸納出經驗，把經驗昇華為規律，再用規律指導行動。

小時候，我們都有過一項非常重要的生存本能——哭。小孩子只要一哭，媽媽就過來了：「寶貝，怎麼了？」吃的、玩的，什麼都有了。於是，我們腦海中獲得了一項重要的知識：哭，可以獲得資源。

人都會長大。有一次，客戶對你的方案很不滿意，準備把訂單交給你的競爭對手。怎麼辦？你很委屈，決定故技重施，在辦公室裡號啕大哭起來。結果會怎樣？結果通常是競爭對手拿到了訂單，而你被請出了辦公室。

有的人可能覺得這是一個笑話：怎麼會有成年人這麼做，他不傻嗎？是的，他確實很傻，但究竟傻在哪裡呢？哭，可以獲得資源——這是經驗，不是規律。他傻就傻在沒有意識到套用這個經驗有一個重要的前提：對方必須是媽媽（換作是爸

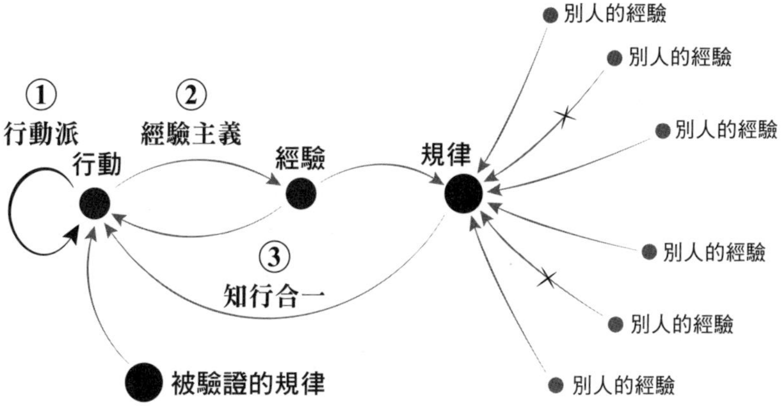

爸，都不一定奏效）。

體驗式學習大師大衛・庫伯（David Kolb）說，不能用經驗指導行動。應該怎麼做呢？從行動歸納出經驗，把經驗昇華為規律，再用規律指導行動。這就是著名的「庫伯學習圈」。

庫伯認為，一個完整的學習是「行動—經驗—規律—行動」的四大循環，缺一步就是「假學習」。

第一種假學習，是缺了「規律」，形成「行動—經驗—行動」的經驗主義小循環。

比如，老闆前幾天狠狠批評了員工，員工變得努力多了，但沒過幾天又懈怠了，於是老闆又批評了一頓……批評，變成了老闆的「經驗」。如果老闆不思考中間的「規律」，反而把這個經驗奉為真理，到處宣揚「好人做不了老闆」，會有什麼後果？一兩個月後，公司為了發展，費了九牛二虎之力挖過來一位執行長。執行長上任沒幾天，老闆總覺得應該先批評一頓，沒想到第二天，執行長就提出辭職了。

第二種假學習，是不但缺了「規律」，還缺了「經驗」，形成「行動─行動」的小循環。這樣的人常常自詡「行動派」，他們經常掛在嘴邊的是：「別聽理論家胡說，他們要是真有本事，早就自己埋頭賺錢了。」、「什麼理論？行動就是理論。」、「多思無益，幹起來，創業路上的坑，一個都少不了。」

可是，行動真的不需要理論支撐嗎？那商家為什麼會選擇把店鋪開在鬧市，而不是無人區？為什麼大家都想買漂亮的服裝，而不是醜衣服？有人可能會說：這是常識啊！所謂常識，就是人們認為必然正確的規律。**很多人用行動掩蓋懶惰，只不過是不想積累新經驗、不想學習新規律而已**。從行動到經驗，從經驗到規律，再從規律到行動，一個不落，才是正確的學習方式。

具體怎麼做？

第一，從行動歸納出經驗。

經驗分兩種，第一種是自己的直接經驗，第二種是別人的間接經驗。直接經驗，給人的感受最深。比如，被信賴的夥伴坑過一次，你會痛徹的獲得「誰也不能相信」的經驗；咬緊牙關苦苦支撐三年，終於渡過難關，你會刻骨銘心的獲得「今天很艱難，明天更艱難，但是後天很美好」的經驗。不過，生命有限，我們不可能親身經歷每一件事。所以，和有經驗的人溝通、學習，建立圈子，成立學習小組，會讓一個人產生「活過幾種不同人生」的感覺。

第二，從經驗昇華出規律。

庫伯說：知識的獲取，源於對經驗的昇華和理論化。可是，從「經驗的昇華和理論化」到「規律」之間，有一道巨大的鴻溝，跨越這道鴻溝的方法是反思和驗證。

比如，「今天很艱難，明天更艱難，但是後天很美好」，這是經驗還是規律？反思一下，有沒有一些企業，今天不難，明天也不難，第一天就成功的呢？有沒有一些企業，今天很難，明天更難，後天終於死掉的呢？經過深刻反思，也許你會得出一個更加接近規律的結論：在那些處於上升期的行業中，及早布局的企業，成功機率會隨著時間的推移逐漸增大。

反思之外，就是驗證。行業數據支持這個結論嗎？這是大機率事件，還是偶然事件？我身邊的人有親身經歷嗎？驗證後，也許你會進一步修正結論：在那些處於上升期的行業中，踩準時間點（而不是及早）布局的企業，成功機率會隨著時間的推移逐漸增大。布局太早，凍死；布局太晚，餓死。

除了利用反思和驗證，自己把「經驗的昇華和理論化」變為規律之外，還要懂得學習前人已經昇華好、理論化好了的「被驗證的規律」。這就是為什麼我經常說：前人的思考，我們的階梯。一個人的頓悟，可能只是別人的基本功。

第三，用規律指導行動。

沒有作用於行動的規律，是沒有價值的。企業家不能僅僅沉迷於規律之美，千萬不要忘了：行動！行動！行動！

KEYPOINT

庫伯學習圈

一個完整的學習是「行動—經驗—規律—行動」的四大循環步驟，一步都不能少，否則就會犯經驗主義或者行動派的錯誤。具體怎麼做呢？從行動歸納出經驗，把經驗昇華為規律，再用規律指導行動。尤其是「把經驗昇華為規律」這一步，是學習的核心。

3 為什麼人類不擅長談戀愛——知識、技能和態度

學習只有三件事：用腦學習知識，用手學習技能，用心學習態度。知識是已經被發現和證明的規律，記住了就能用。技能則必須反覆練習，才能變成自己的。

有一次，我在一所大學演講。演講結束後，一位同學站起來問了個問題：「老師，請問你大學時期學過的知識，對現在的工作有多大幫助？」

這真是一個好問題。我相信，當時臺下的老師，一定提心吊膽。我稍微猶豫了一下，說：「百分之十。」為什麼這麼說呢？我們一生只能學會三件事：知識、技能和態度。

什麼是知識？

知識就是已經被發現和證明的規律，它是確定的，不需要人再通過自身的成功、挫敗去驗證，然後恍然大悟。比如，一＋一等於二，絕不會等於三，也不可能等於〇．五（別和我抬槓啊，這不是腦筋急轉彎）。再比如，供給大於需求，價格

就會下降；把商品放對心理帳戶，會增加消費者的購買意願。學習知識的方法簡單而直接，就是通過記憶，把知識分門別類的放在「儲存腦」的某個抽屜裡。

大學時期，甚至整個學生生涯，所學的大部分都是知識，數學、物理、化學、地理、歷史、生物……檢查學沒學會的方法是做題，比如「請列舉南昌起義的四個重大意義」、「請默寫李商隱的一首詩」，甚至是「請填空：無理數是符合＿＿和＿＿的數」。

知識是有適用邊界的，甚至是有「保鮮期」的。對很多人來說，生命中最有知識的時刻是高考的最後一天，到第二天估計就忘了一半了。比學習知識更重要的，是學習技能。

什麼是技能？

技能就是那些你以為你知道，但如果沒親自做過，就永遠不會真正知道的事情。

很久以前，有人教過我怎麼同時拋三個橘子：第一，左手把橘子拋到空中；第二，立刻把右手的橘子交到左手，並等待落下的橘子；第三，等上升的橘子到了最高點，拋出下一個。要領很簡單，我很快就記住了。可是直到今天，我還是拋不起來。為什麼？因為缺乏練習。拋橘子之所以是技能，就是因為它是「學」不會的，要靠「習」。

還有哪些是技能呢？騎自行車是技能，你永遠「學」不會騎車，只能靠「習」，摔得渾身瘀青之後才能掌握。演講是技能，即使讀了一百本關於演講的書，如果從不上臺，仍舊一輩子都「學」不會演講。談戀愛也是技能，但可惜的是，大多數人一生談不了幾次戀愛，因為缺乏練習，所以自古以來，人類都是不擅長談戀愛的。如果有人真的「習」得了這種能力，估計已經用不上了。

仔細想想，我們是不是常說「溝通技能、談判技能、管理技能」，而不說「溝通知識、談判知識、管理知識」？因為這些都只有靠練習，才能變成條件反射，儲存在「反射腦」中。

什麼是態度？

態度就是你選擇的，用來看待這個世界的那副「有色眼鏡」。

比如，你覺得這世界是友善的，還是充滿惡意的？誠信的人，是更加值得合作的聰明人，還是可以欺騙的傻子？商業利益，是滿足客戶之後順帶的結果，還是反過來：滿足客戶，是獲得商業利益的一種手段？

最難學的，就是態度。每個人心中都有一扇門，無論外人如何呼喊、衝撞，這扇門始終只能從裡面打開。態度是沒有人能教的，態度是心的選擇。

回到開頭的提問，我覺得大學所學對自己的幫助，態度大於百分之五十，技能大概百分之三十，知識只有不到百分之二十。其中，來自大學課堂的知識可能已經不到一半，也就是百分之十了。**大學雖好，我們必須保持終生學習。**

關於知識、技能和態度，我想再給大家幾個建議。

第一，不要把知識當技能學。

有一些「實戰主義者」，只相信自己感悟的東西，所以忽視前人的思考、客觀的規律，把知識當技能學，通過四處碰壁，總結出一些似是而非的經驗。這就是「重新發明輪子」。你的頓悟，可能只是別人的基本功。只有站在前人的肩膀上，人類才能不斷進步。

第二，不要把技能當知識學。

有一些「理論主義者」，喜歡通過買書來學習。怎麼演講？買本書來看看；怎麼談判？買本書來看看；怎麼看書？還是買本書來看看。書中所講的，都是如何練習技能的步驟，而不是技能本身。正如古詩所說：「紙上得來終覺淺，絕知此事要躬行。」

KEYPOINT

知識、技能和態度

知識就是已經被發現和證明的規律，它是確定的。技能就是那些你以為你知道，但如果沒親自做過，就永遠不會真正知道的事情。態度就是你選擇的，用來看待這個世界的那副「有色眼鏡」。保持終生學習，要注意幾點：第一，不要把知識當技能學；第二，不要把技能當知識學。

4 做自己的執行長，你有「私人董事會」嗎——私人董事會

試試建立你的「私人董事會」學習小組，利用具體操作規則，解決實際問題外，還能引導大家一起深度思考，訓練提問和表達的能力。

假如我問學員們一個問題：《劉潤．5分鐘商學院》對個人的學習成長有多大貢獻度？百分之十、百分之二十，還是百分之七十？

有的人可能會覺得，我希望大家都回答超過百分之七十。這麼想就錯了。我確實希望這個專欄對大家很有價值，為了達到這個目標，我每天都在跟自己對抗。儘管如此，我還是希望這個很有價值的專欄，對大家學習成長的貢獻度不超過百分之十。

為什麼呢？

在「班尼斯定理」中講到過，**人百分之七十的成長來自「工作中學習」，百分之二十來自「向他人學習」，百分之十來自「正式的培訓」**。如果有人說《劉潤．5分鐘商學院》是自己學習成長的全部，一方面我非常感激，另一方面也忍不住提

出質疑：在工作中學習得實在太少，向他人學習得也不夠。

如何在工作中學習？走出舒適區，主動承擔更有挑戰性的工作，把學到的知識運用其中；如何向他人學習？在這裡，我要介紹一種非常受企業家、執行長們歡迎的方法——私人董事會。

一個標準的私人董事會一般由十六至十八名董事組成。第一，為了能放心學習，他們必須來自非競爭行業，並簽署保密協議；第二，為了能互相學習，他們的經營規模和發展階段必須比較接近；第三，為了能學以致用，他們必須是最高領導者，比如董事長或執行長。從這三大規則就能看出，私人董事會專為彼此學習做了設定。

從二〇一六年三月開始，我在國內知名的私人董事會機構之一——領教工坊擔任領教，帶領（或者說陪伴）一個企業家私人董事會小組。這一年，我深深感受到，私人董事會最大的魅力來自其「八大步驟」。在這八大步驟之下，有人面紅耳赤，有人眼眶發紅，有人不屈不撓，有人恍然大悟。

對普通人來說，即使不是董事長或執行長，也有必要了解這八大步驟，學會如何有效的向別人學習。這八大步驟分別是：提案、表決、闡述、提問、澄清、分享和建議、總結、反饋。

第一，提案。

每個企業家都要提交一個議題。這個議題，不能是「如何應對網路時代」這樣空泛的課題，而必須是「我的銷售團隊能力差，三個季度未完成指標，怎麼辦」這樣的真實問題。只有討論真實問題，才能做出真實改變。

第二，表決。

由全體董事投票表決：我們今天到底幫誰解決問題。大家投票選出來的問題，一定是都覺得有價值，也最可能讓自己獲益的問題。

第三，闡述。

被選中的「問題擁有者」，向董事們詳細闡述自己的問題。為了有效表達，建議格式為：「我有＿＿的問題。這個問題很重要，因為＿＿。到目前為止，為了解決這個問題，我已經做了＿＿。我希望小組能幫到我的是＿＿。」

第四，提問。

董事們可以向「問題擁有者」提問。這時就會發現，這些董事長或執行長們不喜歡提問，他們喜歡一上來就給建議：這個問題我遇到過，應該……還記得前面講過「知彼解己」嗎？克制自己，不要著急給建議。先從問出直達本質的好問題，理解對方開始。比如，「你的潛在銷售機會，是實際銷售額的幾倍？」、「你能成功的把產品賣出去，三個關鍵點是什麼？」問對了問題，答案基本就找到了。

第五，澄清。

一輪提問下來，「問題擁有者」可能會發現，自己關注的問題的焦點不對。他可以澄清問題，比如表述為：「如何把成功銷售的經驗變成關鍵步驟，減小業績對人的依賴？」

第六，分享和建議。

這時，董事們終於可以分享經驗、提建議了。要嚴格控制發言時間，否則常常會出現以「我今天就說兩點」開場，結果一直說到半夜的情況。一般來說，每人發言三分鐘，以練習精準的表達。

第七，總結。

經過前面的步驟，有的「問題擁有者」這時已經後背發涼，大汗淋漓，甚至痛哭流涕了。在有效流程下，直指本質的對話最能觸動人心。然後，請「問題擁有者」總結改進問題的步驟和時間。最後，所有董事分享今天內容對自己的啟發。

第八，反饋。

步驟還沒有結束，「問題擁有者」還有一項工作，就是在下次的私人董事會上，向所有董事匯報他的實施進展，並徵求下一步的建議。必須變成行動，才不辜負時間。

看似簡單的八大步驟，卻可以幫助「問題擁有者」解決實際問題，還能對其他董事產生關聯啟發，幫助所有人進行深度思考，訓練直指本質的提問能力、精準簡練的表達能力。在私人董事會裡，向他人學習還能收穫深厚的友誼。

KEYPOINT

私人董事會

這是一套建立學習小組，向他人學習的方法，有三大規則和八大步驟。三大規則分別是：不競爭、同規模和第一人。八大步驟分別是：提案、表決、闡述、提問、澄清、分享和建議、總結、反饋。

5 如何用二十小時快速學習——快速學習

想要快速學會行業百分之八十的核心邏輯，你需要先花時間大量泛讀，形成系統模型，之後求助專家，把你的理解複述給別人聽，檢查薄弱點。

我把《劉潤．5分鐘商學院》的課程分成一年四季，每季十三週，每週五課，一共兩百六十期。我堅持回覆留言區的精選留言，鼓勵學員做筆記，把所學講給別人聽。為什麼這麼做呢？因為我希望大家能快速學習。

作為一名商業顧問，我每天要面對各行各業的客戶。有些客戶可能用了二十年，來精通他所在行業百分之九十九的商業細節；而商業顧問必須用二十小時，來學會該行業百分之八十的核心邏輯。只有這樣，商業顧問才有資格說「我認為……」。所以，快速學習能力是一名優秀商業顧問的「六脈神劍」，甚至是商業機密。在這裡，我要公開這個機密：快速學習四步法。

第一步，大量泛讀。

學習新知識，有人喜歡買一本所謂「最好的書」，然後從第一個字精讀到最後一個字。這是從小學開始養成的壞習慣：我們在沒有整體歷史觀的情況下，就從秦朝學到清朝，就好比沒有作戰地圖，就開始打巷戰。

應該怎麼做？

比如，要學習「區塊鏈」的相關知識，可以先登錄網路書店，搜索「區塊鏈」及相關關鍵字，找到評價最高的三本書；接著，通過「喜歡某某書的人也喜歡」，再選五本；最後，加選兩本可能不太暢銷，但系統性明顯更強的書，如《區塊鏈原理、設計與應用》等。

把這十本書都買回來，開始泛讀。泛讀時注意幾點：

1、五分鐘看自序，五分鐘看目錄。很多人不看自序和目錄，這又是一個壞習慣，因為作者會在自序中梳理框架邏輯，在目錄中提煉核心觀點。

2、十五分鐘泛讀。要點是：略過故事、案例和證明；標註概念、模型、公式和核心觀點。

3、最後用五分鐘做簡單回顧，記錄下自己的困惑、問題和想法。

可以專門選擇一個時間長一點的下午，或者再加上晚上的時間，高強度的把這

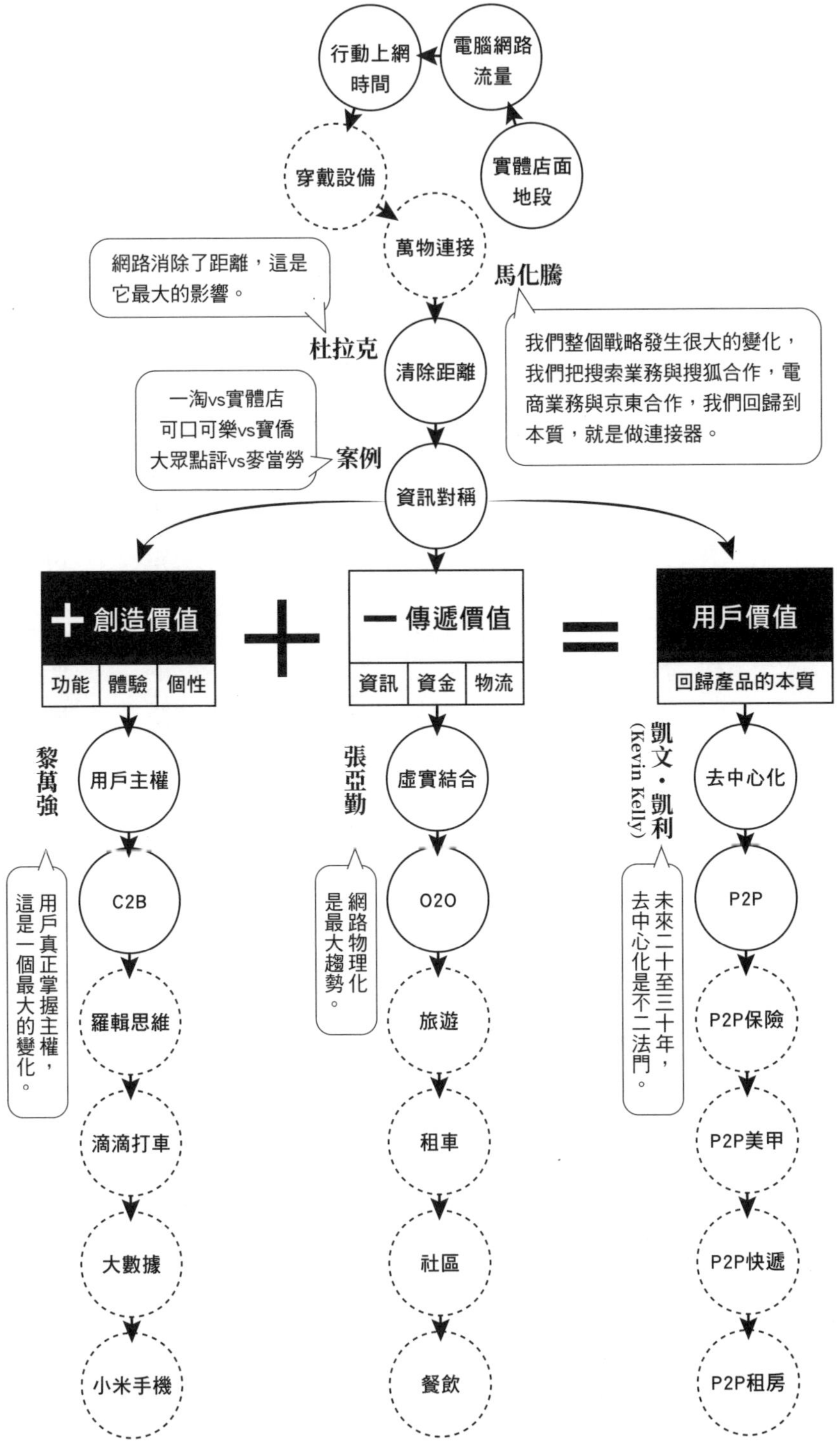

電腦網路流量
行動上網時間
實體店面地段
穿戴設備
萬物連接
馬化騰
網路消除了距離，這是它最大的影響。
我們整個戰略發生很大的變化，我們把搜索業務與搜狐合作，電商業務與京東合作，我們回歸到本質，就是做連接器。
杜拉克
清除距離
一淘vs實體店
可口可樂vs寶僑
大眾點評vs麥當勞
案例
資訊對稱
＋創造價值
功能
體驗
個性
＋
－傳遞價值
資訊
資金
物流
＝
用戶價值
回歸產品的本質
黎萬強
用戶主權
用戶真正掌握主權，這是一個最大的變化。
C2B
邏輯思維
滴滴打車
大數據
小米手機
張亞勤
虛實結合
網路物理化是最大趨勢。
O2O
旅遊
租車
社區
餐飲
凱文・凱利(Kevin Kelly)
去中心化
未來二十至三十年，去中心化是不二法門。
P2P
P2P保險
P2P美甲
P2P快遞
P2P租房

十本書讀完。建議讀電子版，可以大大提高標註、回顧、記錄的效率。

第二步，建立模型。

好好睡一覺，讓知識在大腦中自由的碰撞、連接、融合。第二天早上，用頭腦最清醒的三小時來建立模型。

應該怎麼做？

找一面巨大的白板牆，先把標註的概念、模型和公式寫在便利貼上，貼到白板上，再用白板筆和板擦，建立、修正它們之間的關聯，逐漸形成系統模型。白板，是非常重要的思考工具，我會在《5分鐘商學院．工具篇》中專門講到白板思考法。

第三步，求教專家。

如果還有不清楚的問題，就要求教真正的專家。比如，我在研究虛擬實境的時候，找了一個專門投資虛擬實境的基金公司，登門拜訪。他們一年之內，看了兩百多個虛擬實境的創業項目。我向基金創始人求教了兩個小時，很多問題豁然開朗。

為什麼要先建立模型，而不是先求教專家呢？因為**如果沒有基本的全局觀，就問不出好問題**。另外，有些專家有著犀利的洞察，但未必有全局觀。要是讓他自由發揮的講上兩小時，你很可能會不知所云。

如果不知道去哪裡找業內專家，可以上類似「在行」之類的平台，花些費用，帶著問題虛心求教，然後修正自己的模型。

第四步，理解複述。

假如花了五小時泛讀、三小時建模、兩小時求教，剩下的十小時就可以花在「複述」上了。

關於學習，有個著名的「費曼技巧」，就是用你的語言，把你的模型講給別人聽。這麼做，你很可能會發現，自己講著講著就講不明白了。或者，你覺得自己講明白了，但別人就是聽不懂。這些地方，就是你理解的薄弱點。

記下這些薄弱點，回到泛讀資料裡，重新理解。或者上網路找答案、再請教專家等。重新理解後，再複述，如此重複。最終，你就會用二十小時，快速的學習一項完全陌生的知識。我們常聽說「一萬小時定律」，這是幫助人們從「學會」到「精通」的刻意練習方法。而從「不會」到「學會」，也許二十小時就可以了。

回到最開始的例子，我們現在來看一看《劉潤．5分鐘商學院》的課程設計。

開學之前，我花了十五個工作日，整整三週的時間，梳理自己畢生所學，查閱大量資料，這是代替學員的「大量泛讀」。接著，我把課程規劃成一年四季，每季十三週，每週五課，一共兩百六十期，濃縮在一張課表裡，這是在幫助學員「建立模型」，形成全局觀。每天回覆留言區的精選留言，這是在幫助學員「求教專家」，解答困惑。鼓勵學員記筆記，把所學講給別人聽，這是「理解複述」，檢查理解的薄弱點。我期待學員從《劉潤．5分鐘商學院》畢業的時候，不但真正學會商業，也學會如何快速學習。

KEYPOINT

快速學習

只要方法得當，快速學習一項完全陌生的知識，只要二十小時就可以了。快速學習四步法包括：第一步，大量泛讀。泛讀時可以五分鐘看自序，五分鐘看目錄；十五分鐘泛讀；最後用五分鐘簡單回顧。第二步，建立模型。先把標註的概念、模型和公式寫在便利貼上，貼到白板上，再用白板筆和板擦，建立、修正它們之間的關聯，逐漸形成系統模型。第三步，求教專家。第四步，理解複述。用你的語言，把你的模型講給別人聽。

筆記時間

第五章
思考能力

從對抗性思考到平行思考——**六頂思考帽**

大膽質疑，謹慎斷言——**批判性思維**

凍死在那個不存在的冬天——**全局之眼**

吹風機的反面，是吸塵器——**逆向思維**

做一個「因果邏輯蒐集者」——**正向思維**

1 從對抗性思考到平行思考——六頂思考帽

每個人都有六頂代表不同思維方式的「帽子」。開會時，訓練讓所有人同時只戴一頂帽子，充分思考後換另一頂，就能從爭論走向集思廣益。

假設婚姻法把婚姻改為五年合約制，你是贊同還是反對？我相信，這個問題一出，很多人會立刻產生反應：贊成的人歡欣雀躍，「早就該這樣了」；更多的人跳出來，「這哪能贊同啊？必須反對！」正反雙方輪番舉證，誓死捍衛自己的觀點。

為什麼會這樣？因為人們思考問題的基本方法是先有一個結論，然後再為這個結論辯護。「直覺」先宣布這個主意行不行，「理性」再來證明自己的觀點，或者批駁對方的漏洞。

什麼才是正確的思考方法？

思考方法是極其重要的基本技能。如果思考能力不夠，其他任何能力都要打折。接下來，我將介紹五種非常重要的思考方法，幫助大家訓練大腦。首先從「六頂思考帽」開始。

什麼是六頂思考帽？

英國創新思維、概念思維領域的專家愛德華．德．波諾（Edward de Bono）說，每個人都有六頂不同顏色、代表不同思維方式的「帽子」，分別是：

代表「資訊」的白帽，充分蒐集數據、資訊和所有需要了解的情況；

代表「價值」的黃帽，集中發現價值、好處和利益；

代表「感覺」的紅帽，讓團隊成員釋放情緒和互相了解感受；

代表「創造」的綠帽，專注於想點子，尋找解決辦法；

代表「負面」的黑帽，只專注缺陷，找到問題所在；

代表「思考管理」的藍帽，安排思考順序，分配思考時間。

如果一個人戴著黑色的「負面」帽，他就會覺得合約制婚姻充滿挑戰：孩子怎麼辦？夫妻間哪還有信任可言？如果戴著黃色的「價值」帽，他反而會覺得合約制婚姻明天就該推行：讓大量將就的婚姻從此解散吧。如果戴著紅色的「感覺」帽，他可能會想：我不喜歡這個主意，說不清為什麼，就是不喜歡，別跟我談什麼合約制婚姻，我也不想聽。

這六種完全不同的思維方式，在一個人的大腦中彼此對抗，在一群人的討論中針鋒相對，結果浪費了大量時間，卻沒有結論。

愛德華說，我們應該訓練一種思考能力——所有人在同一時刻只戴一頂思考帽，充分思考後，再換另一頂帽子。這種從爭論式的「對抗性思維」，走向集思廣益式的「平行思維」的方法，就叫作「六頂思考帽」。

應該怎麼做呢？

比如，關於合約制婚姻的問題，可以試試「藍白黃黑綠紅藍」的思考方法。藍帽主持討論流程，先讓所有人帶上白帽，蒐集全球和合約制婚姻相關的資訊；再帶上黃帽，專注的想想這麼做可能帶來的所有好處，哪怕很小；再帶上黑帽，列舉這麼做會帶來的所有問題，以及實施過程中的一切困難；再帶上綠帽，窮盡解決問題、克服困難的方法；再帶上紅帽，表達情緒，基於資訊、價值、負面、創造，你感覺上是否贊同合約制婚姻；最後，藍帽總結討論結果。

你會發現，本來三天三夜也不會有結果的討論，三十分鐘就討論完了。就算最後沒有結論，這個「沒有結論」也會來得更快一些。

「藍白黃黑綠紅藍」的思考方法可以用在很多地方。當然，除了這個組合，六頂思考帽還有很多種戴法。簡單問題，可以戴「藍白綠」；改進流程，可以戴「黑綠」；尋找機會，可以戴「白黃」；保持謹慎，可以戴「白黑」；做出選擇，可以戴「黃黑紅」等。六頂思考帽的組合非常多，以下有幾個基本建議。

第一，白帽先行。通常，我們應該從獲取資訊開始，這會為其他的思考帽奠定可討論的堅實基礎。

第二，黃在黑前。先思考價值，再思考困難，有助於我們產生正向的動機，獲得正能量。

第三，黑後有綠。黑帽讓我們看到問題、困難、風險，而黑後有綠，鼓勵思考者探索是否有解決方案。

其實，六頂思考帽的邏輯和彩色印表機很相似。彩色印表機有青、紅、黃、黑四種顏色，它把每種顏色分四次打印在同一張紙上，最終形成了彩色圖片。所以，我們還可以把六頂思考帽稱為「彩色思考」。

因為使用六頂思考帽，魔根大通（J.P. Morgan）將會議時間減少了百分之八十；英國第四頻道公司（Channel Four Television Corporation）在兩天內創造出的新點子，比過去六個月裡想出的還要多；全錄公司（Xerox）用不到一天的時間，就完成了過去需要一週才能完成的工作。

KEYPOINT

六頂思考帽

每個人都有六頂不同顏色、代表不同思維方式的「帽子」。同一時刻只戴一頂思考帽，從爭論式的「對抗性思維」，走向集思廣益式的「平行思維」，從而克服人腦容易情緒化、不知所措和混亂的缺陷。六頂思考帽的戴法順序無窮無盡，有幾個基本建議：白帽先行、黃在黑前、黑後有綠。

2 大膽質疑，謹慎斷言——批判性思維

對於謠言，年輕人並不比老年人更有免疫力。只是老年人更相信健康的謠言，而年輕人更相信財富的謠言。不管是年輕人還是老年人，都缺乏「批判性思維」這種重要的能力。

社會上有一群騙子，專門以老年人為目標，很多人的父母都受過害。其實，騙子們行騙的手段算不上高明，比如一則「三十六年高血壓痛不欲生，吃了這種藥，三個月徹底痊癒」的廣告，老人們看了深信不疑，不論兒女怎麼阻止，都無濟於事。有的年輕人恨不得大罵：騙子，有本事衝我來！

但是，年輕人真的不會上當嗎？當騙子們給廣告換個題目——〈驚天祕密！四年內從虧損十億到營收一四一〇億，只靠這七招〉，很多商業人士就和自己的父母一樣，迫不及待的點開了文章。

對於謠言，年輕人並不比老年人更有免疫力。不同的是，老年人更相信健康的

謠言，而年輕人更相信財富的謠言。不管是年輕人還是老年人，都缺乏一種非常重要的能力——批判性思維。

什麼是批判性思維？

舉個例子，假如有人說：「中西方文化不同，所以管理也很不一樣。你看，美國使用末位淘汰制，日本使用終身僱傭制，都很成功。」聽上去似乎很有道理，但真的是這樣嗎？日本確實是終身僱傭制嗎？從什麼時候開始的？有怎樣的時代背景？會不會有什麼別的原因導致了終身僱傭制，而不是中西文化差異呢？

如果仔細研究一下，就會發現終身僱傭制是日本戰後的基本用人制度，當時的時代大背景是整個日本勞動力嚴重不足。當然，也不能完全排除中西文化差異的影響。不過，更重要的是，終身僱傭制是在「勞動力供需關係嚴重失衡」的情況下，為了防止工人跳槽而出現的一種經濟學現象。到了二〇〇一年左右，這種制度在日本開始衰落。

這就是批判性思維。一九九八年，聯合國教科文組織把「培養批判性和獨立態度」視為高等教育、培訓和從事研究的使命之一。美國教育委員會說：「大學本科教育最重要的目的，是培養學生的批判性思維能力，也就是『熟練的和公正的評價證據的質量，檢測錯誤、虛假、竄改、偽裝和偏見的能力』。」

應該如何培養批判性思維？在這裡，我跟大家分享四個方法。

第一，發現和質疑基礎假設。

「我家八代祖傳最正宗的川菜，如果我到美國開餐廳的話，肯定有機會擊敗那些不道地的川菜館。」這句話有問題嗎？批判性思維者會立刻發現，這句話有個隱藏的基礎假設：人們喜歡正宗的東西。

啊？難道有人會喜歡不正宗的東西嗎？

我是南京人，從小愛吃鴨血粉絲湯。但南京正宗的鴨血粉絲湯到了外地，總是被那些不正宗的打敗，我一直百思不得其解。有一次，我和一位餐飲業投資人聊到這個現象，才恍然大悟。他告訴我：「有些你所謂的不正宗，其實是根據當地人的飲食習慣做的訂製和優化。而你認為的正宗，有可能只是小時候的飲食習慣而已，與好不好吃無關。」**發現和質疑基礎假設，是批判性思維的基礎**。

第二，檢查事實的準確性和邏輯一致性。

有三個人第一次到蘇格蘭，透過火車窗戶，他們看到一隻黑色的羊。第一個人驚呼：「看，蘇格蘭的羊都是黑的」——看到一隻黑色的羊，無法推導出「蘇格蘭的羊都是黑的」這個結論，這個邏輯有問題。第二個人說：「不對，只能說蘇格蘭的羊至少有一隻是黑的」——這個論證的過程符合邏輯了，但是，「看到一隻黑色的羊」，這個論據本身準確嗎？未必，因為他們實際上只看到羊的一邊。第三個人說：「不對，只能說蘇格蘭至少有一隻羊的一邊是黑的」——這才是符合事實的準確性和邏輯一致性的結論。

第三，關注特殊背景和具體情況。

二〇一五年我去非洲，參觀了馬賽人的部落。馬賽是一個一夫多妻制的族群，男人可以娶上百個老婆。如果父親死了，除了親媽之外，長子甚至可以繼承父親所有的老婆。所以，有很多人開玩笑說自己要是馬賽人就好了。

然而，這種制度有沒有特殊背景和具體情況呢？我研究了一下，發現馬賽男人有個特殊的「成人禮」儀式：獨自殺死一頭獅子。可以想像，大部分馬賽男人都會被獅子吃掉。僥倖活下來的，可以用三頭牛換一個老婆，無限開枝散葉。這就是特殊背景和具體情況。我掂量了一下自己的能力，覺得還是一夫一妻制好。

第四，尋找其他可能性。

有一期電視節目訪問一個孩子：「如果飛機要墜毀了，只有一個降落傘，怎麼辨？」孩子回答說：「我揹著降落傘跳下去。」所有觀眾哄堂大笑，笑這個孩子是個童言無忌的「怕死鬼」。孩子急得快哭出來了，他說：「我是去找人來救大家。」

我們所認為的就一定是對的嗎？沒有其他可能性嗎？如果有，可能性有多大？這些都是需要考慮的。

KEYPOINT

批判性思維

批判性思維，指的是熟練的和公正的評價證據的質量，檢測錯誤、虛假、竄改、偽裝和偏見的能力。它能幫我們盡可能的獲得最準確的認知，接近真相。具體怎麼做？第一，發現和質疑基礎假設；第二，檢查事實的準確性和邏輯一致性；第三，關注特殊背景和具體情況；第四，尋找其他可能性。

3 凍死在那個不存在的冬天——全局之眼

世界上所有的東西都被規律作用著，以一種叫作「系統」的方式存在。要培養用關聯、整體、動態的方法，全局性看問題的能力。

有人拜訪孔子的學生子貢，問一年有幾季。子貢回答：「有春、夏、秋、冬四季。」那人說：「不對，只有春、夏、秋三季。」兩人爭論不下，去問孔子。孔子觀察一番後，說：「是的，一年只有三季。」那人滿意的走了。子貢不解，孔子說：「那人一身綠衣，分明是田間蚱蜢，蚱蜢春生秋亡，一生只有春、夏、秋三季，哪裡見過冬天？在他的思維裡，完全沒有冬天的概念，你和他爭論三天三夜也不會有結果的。」

孔子說的像田間蚱蜢一樣的人，後來被稱為「三季人」，也就是指沒有全局之眼的人。全局之眼，是一個人極其重要的思考能力。

世界上所有的東西都被規律作用著，以一種叫作「系統」的方式存在。要素，是系統中看得見的東西；關係，是系統中看不見的、要素之間相互作用的規律。看到要素，還要看到要素之間的關係，更要看到這些關係背後的規律，這就是「全局之眼」。

舉個例子，很多企業家都知道鬧區很重要，為什麼重要呢？是因為更好的地段帶來了更多的人流。所以，人流才是「鬧」和「區」這兩個要素之間的關係，是這種關係背後的規律。只要理解了這一點，就可以把這個規律推演到整個系統中，哪裡人流多，哪裡就會旺。這麼一來，早期的電商，後來的行動電商、微商，再後來的社群經濟，現在的網紅，以及直播、虛擬實境等，一下子都能理解了。理解了關係和關係背後的規律，不但能在複雜的系統中理解現在，甚至在一定程度上可以預測未來。**所有的戰略，都是站在未來看今天。**

有個朋友開車送我去佛山，他說：「你看，戰略就像選車道，選錯了道，就算開著寶馬，也只能眼睜睜的被吉利[4]超過。」說得真好。我回答：「所以我們要有全局之眼，升到半空，看清楚前面路況，再回到車裡選對車道。這樣，就算一時被大

4　吉利：中國民營企業汽車製造商。

車擋路，也會知道前路是什麼樣的，不焦慮。」戰略，就像選車道，比開什麼車、誰來開更重要，而選擇正確車道的前提，是要有凌空俯視的全局之眼。

如何才能擁有全局之眼呢？

我本科時讀的是南京大學數學系，在四年近乎殘酷的學習中，對我此生影響最深的，是一門叫「系統論」的課程。這門課程讓我受益終生。如果有可能的話，我建議每一位企業家都去學習系統論，學習用關聯的、整體的、動態的方法，培養全局性看問題的能力。

第一，關聯之眼。

事物之間不是孤立存在的，它們相互作用著。這種相互作用，就叫作「關聯性」。

擁有全局之眼，首先要練習用關聯之眼看清事物。比如，「鬧」和「區」之間是什麼關係？平台和產品之間是什麼關係？引爆點和網路效應之間是什麼關係？企業文化和人性之間是什麼關係？個體理性與群體感性之間是什麼關係？……

第二，整體之眼。

要素，加上若干要素之間的關聯，就構成了系統，並形成「輸入、黑盒子（轉換）、輸出」[5]三個物體。這個黑盒子內部，以人們理解或者不理解的方式精密運作著。

擁有全局之眼，還要練習用整體之眼看透黑盒子。比如，貨幣政策會如何刺激本國經濟？人員結構扁平化會如何刺激員工的積極性？引入風險投資會如何刺激公司的創新意識？價格策略會如何影響消費者的購買衝動？……

第三，動態之眼。

一個系統的要素和要素之間的關聯，不是恆久不變的。一旦把「時間」加進來，就更好玩了。

擁有全局之眼，更要練習用動態之眼看穿時間。比如，五年之後人類的生活方式是怎樣的？今天最強大的公司還會強大多久？今天看到的結果，是今天的行為導致的嗎？該學習今天的蘋果，還是三十年前的微軟？短期利益是長期成功的成本嗎？……

在商業環境變化不快的時候，思維容易懶惰。在一些人的腦海中，複雜、多維

5 輸入、黑盒子、輸出：一九五〇年由伊斯頓（D. Easton）最早提出的政治系統學，分成四大部分——1、系統，也可稱為轉換，即一般所稱的黑盒子。2、輸入，3、輸出，4、反饋。伊斯頓論認為政治系統即是以此為循環的過程。

的系統論會退化為簡單、單向的因果論：你只要做好A，就能得到B。甚至在另一些人的腦海中，因果論會進一步退化為經驗論：別人就是這麼做成功的，我也要這麼做。更有甚者，一些連思考都不思考的人，會把經驗論繼續退化為亂拳論：我什麼都不信，只信自己通過嘗試、犯錯得來的教訓，亂拳打死師傅。

亂拳論，會讓人死在不必要的地方；經驗論，會讓小馬不敢過河；因果論，會讓人忽視世界的複雜性。愈是高速變化的世界，經驗失效，萬物歸本，愈是要訓練系統性思維，擁有全局之眼。

在商業環境巨變的今天，要懂得關聯的（二維）、整體的（三維）、動態的（四維）看問題。當一個人擁有了關聯的、整體的、動態的看待事物的能力，他就真正擁有了全局之眼，可以站在未來看今天。

KEYPOINT

全局之眼

世界上所有的東西都被規律作用著，以一種叫作「系統」的方式存在。要素，是系統中看得見的東西；關係，是系統中看不見的、要素之間相互作用的規律。看到要素，還要看到要素之間的關係，更要看到這些關係背後的規律，這就是「全局之眼」。學習用關聯的、整體的、動態的方法，培養全局性看問題的能力。當一個人擁有了關聯的（二維）、整體的（三維）、動態的（四維）看待事物的能力，他就真正擁有了全局之眼，可以站在未來看今天。

4 吹風機的反面，是吸塵器——逆向思維

從事物反面去思考問題的逆向思維方法，常常能使問題獲得創造性的解決。商業界，尤其需要逆向思維的能力和訓練。

有人知道底片相機的原理嗎？把底片放入相機，並卡在相機齒輪上，闔上後蓋開始拍照。拍一張，自動轉動齒輪，收起這段底片，抽出一段新底片。全部拍完後，自動把所有底片反向捲回到底片盒，打開相機後蓋，取出底片。

上大學時，我選修過一門發明課。在第一節課上，老師問了我們一個問題：「底片相機有個重大的設計缺陷——如果有人一不小心打開相機後蓋，所有拍過的照片都會曝光。如果要你來改進設計，你會怎麼做？」當時課堂上像炸開了鍋，有同學說在相機後蓋上加一個鎖，沒拍完時無法打開；有同學說把已拍和未拍的底片分開存放，從底片盒到底片盒，就不怕全部曝光了；還有同學說相機蓋裡面應該再加一個蓋，雙重保護，防止誤操作。

老師給我們講了一個老太太的做法：把底片放入相機，先自動把空白底片從盒裡抽出來，然後拍一張，反向收回到盒裡一張，直到全部拍完。這樣，萬一相機後蓋被打開，曝光的僅僅是空白底片。這位老太太為自己的這個設計申請了專利，最後賣給了柯達公司，獲得了七十萬美元的專利費。

聽完這個方法之後，我有一種五雷轟頂的感覺。這個方法難嗎？一點都不難，甚至都不用改變相機的設計，僅僅是改變齒輪馬達的方向。老太太的這種威力極其強大的思維工具，就叫作「逆向思維」。

逆向思維法，是指從事物的反面去思考問題。這種方法常常能使問題獲得創造性的解決。在商業世界中，依靠逆向思維獲得成功的人比比皆是。

那麼，怎樣才能獲得逆向思維能力呢？其實並不複雜，只是我們缺乏訓練。在這裡，我跟大家分享六種常用的逆向思維法。

第一，結構逆向。

那位老太太運用的就是結構逆向的思維方式。通過反轉齒輪馬達這麼一個小動作，解決了大問題。

再比如，手機都是正向顯示的，如果把畫面反轉過來呢？這樣，當你把手機放在汽車儀表板上時，導航軟體的畫面反射到前擋風玻璃上，就成了正向，你就不必低頭看手機了。

第二，功能逆向。

比如，保溫瓶的功能是保熱。從這個功能逆向思考一下，它可不可以保冷呢？於是就有了冰桶。

空調是用來製冷的，那它能不能同時製熱呢？我們知道空調製冷的原理，是把熱從房間交換到室外去。於是，有些生產工廠把空調交換出去的熱量輸出到廚房，用於製熱，就變成了家用熱水系統。

第三，狀態逆向。

比如，人走樓梯時，人動，樓梯不動。能不能把這個狀態反過來，人不動，樓梯動呢？於是就有了自動手扶梯。

工人鋸木頭，鋸子動，木頭不動。要是把這個狀態也反過來，鋸子不動，木頭動呢？於是就有了桌上型電鋸機。

第四，原理逆向。

電動吹風機的原理是用電製造空氣的流動，方向是吹向物體。能不能逆向利用這個原理呢？空氣還是流動，但是方向相反呢？於是就有了電動吸塵器。

馬達的原理是用電產生磁場，然後磁場移動物體。如果反過來利用這個原理，讓移動產生磁場，磁場產生電呢？於是就有了發電機。

第五，序位逆向。

序位逆向，就是順序和位置逆向。比如，火箭都是往天上發射的。能不能反過來，往地裡發射呢？蘇聯研究了一種鑽井火箭，能穿透岩石、凍土，重量更輕，耗能更低。

在動物園裡，通常都是把動物關在籠子裡，人走動觀看。能不能把這個狀態反過來，人關在籠子裡，動物滿地走呢？於是就有了開車遊覽的野生動物園。

第六，方法逆向。

有一場奇特的賽馬比賽，比誰的馬跑得慢。參賽的兩匹馬都止步不前，直到天黑了才往前走半步。可以換一個方法嗎？裁判讓兩個騎手換騎對方的馬，瞬間，他們就完成了比賽。

聽完逆向思維的介紹，有的人可能會感覺腦洞大開。**創新，有時候不是突如其來的天才想法，而是正確思維方法的必然結果。**我們不是缺乏創新，只是缺乏創新的思維工具。

KEYPOINT

逆向思維

從事物的反面去思考問題，能使問題獲得創造性的解決。在商業界，尤其需要逆向思維的能力和訓練。有六種常用的逆向思維方法：結構逆向、功能逆向、狀態逆向、原理逆向、序位逆向和方法逆向。

5

做一個「因果邏輯蒐集者」——正向思維

要有意識的在大腦中蒐集、整理、存放大量的因果邏輯，訓練自己預測和歸因的能力，才能從已知預測未知。

美國哈佛大學前校長陸登庭（Neil L. Rudenstine）說：「成功者和失敗者的差異，不是知識，也不是經驗，而是思維能力。」

除了逆向思維外，還有一種與之對應的思維能力，叫作「正向思維」。

有的人可能會想：我不太擅長反過來思考，但正向思維總不至於太差吧？其實不一定。我先問一個問題：偵探最需要的，是逆向思維能力，還是正向思維能力？

一九九九年，我作為工程師加入微軟的時候，一位前輩給我講過一件真事。

有位微軟工程師接到客戶電話，說服務器每到深夜就會當機，詢問是什麼原因。工程師查了各種報告，找不到原因，於是建議客戶：「你能不能安排人在機房值夜班，觀察到底發生了什麼？」客戶答應了。但是很奇怪，那天夜裡服務器居然沒有當機。大家都很高興，以為沒事了，也就沒有再安排人值班，結果服務器又當機了……試了幾次，都是有人看著就沒事，沒人看著就當機。難道是薛丁格（Schrödinger）的量子服務器嗎？一觀察就沒事，不觀察就當機？

後來，工程師終於發現，問題的根本原因是空調：平常機房不開空調，但有人值班的時候，因為太熱，就會打開空調。不開空調，機器的CPU過熱，就會出問題；打開空調，系統就會安然無恙。

我聽完這個故事，歎為觀止。

什麼是正向思維？

正向思維，就是從因到果的思維，從已知預測未知的能力。踢一腳足球，我預測它會飛起來；按下開關，我預測燈會關掉。擅長正向思維的人，都是「因果邏輯蒐集者」，平常在大腦中蒐集、整理、存放了大量的因果邏輯，以備隨時調用。

在上述案例中，有四個首尾呼應的因果邏輯：1、人不在，關空調；2、關空調，溫度高；3、溫度高，CPU過熱；4、CPU過熱，就當機。這四個因果邏輯中，只要有一個缺失了，比如你從來沒有意識到，居然會為了省電，人不在時關掉機房的空調，缺了這一環正向思維，你可能一輩子也解決不了這個問題。

破案，看上去像是在進行逆向思維，由果到因，但其實在偵探的腦海中，快速發生著成千上萬個正向思維，無數的由因到果。這些因果邏輯的數量和質量，直接決定了偵探的破案能力。

應該怎麼訓練正向思維能力呢？

第一，做一個「因果邏輯蒐集者」。

比如，看到用戶愈多，微信黏著度愈大，就蒐集一個叫作「網絡效應」的因果邏輯，放在大腦中的商業區；看到有人願意買一千萬元的車，卻不願意買五十元的礦泉水，就蒐集一個叫作「心理帳戶」的因果邏輯，放在人性區；看到太多管理錯位的問題，就蒐集一個叫作「責權利心法」的因果邏輯，放在管理區……而看到《劉潤．5分鐘商學院》，你或許會恍然大悟：這就是在幫大家分門別類蒐集並整理好的兩百多個因果邏輯啊！

第二，多讀偵探小說，多讀科幻小說。

蒐集了大量因果邏輯後，如何調用它們？調用這些因果邏輯有兩個辦法：歸因和預測。正向思維往過去用，就是歸因；往未來用，就是預測。要訓練歸因和預測的能力，可以多讀偵探小說，多讀科幻小說。

讀偵探小說可以訓練歸因能力。比如，福爾摩斯第一次見到華生時問：「你從阿富汗來？」華生大吃一驚：「你怎麼知道？」福爾摩斯是這麼回答的：「由於長久以來的習慣，一系列的思索飛也似的掠過我的腦際，因此在我得出結論時，竟未覺察得出結論所經的步驟。但是，這中間是有著一定的步驟的。」福爾摩斯說的這個「步驟」，就是歸因。

讀科幻小說可以訓練預測能力。在電影《星際效應》（*Interstellar*）裡，最後人類生活的那個太空站，就是編劇基於「離心運動產生重力」這個因果邏輯，對未來產生的有科學依據的想像。這個有依據的想像，就是預測。

KEYPOINT

正向思維

正向思維，就是從因到果的思維，從已知預測未知的能力。它是基於在大腦中蒐集、整理、存放的大量的因果邏輯，而具有的一種推理能力。正向思維往過去用，可以用來歸因；往未來用，可以用來預測。要訓練這種能力：第一，做一個「因果邏輯蒐集者」；第二，多讀偵探小說，多讀科幻小說。

筆記時間

第六章 邏輯思維

白馬到底是不是馬——**同一律**

誰幫理髮師理髮——**矛盾律**

生存還是毀滅，沒有中間狀態——**排中律**

一眼識別詭辯的五個方法——**三段論**

幾乎所有知識，都始於歸納法——**歸納法**

1 白馬到底是不是馬——同一律

要保持同一思維過程中概念、論題的確定性。混淆概念、偷換概念，混淆論題、偷換論題，會導致思維混亂，使大家的討論變成「雞同鴨講」。

邏輯，是我憋了很久，一直想講的話題。很多人在溝通時，一件事情怎麼講都講不清楚，嚴重影響了商業效率。我常說，如果我們能從小學開始學邏輯，將會大大減少無效溝通，提高效率，GDP（國內生產總值）估計能增長至少一個百分點。

電影《教父》（*The Godfather*）裡有一句台詞：「花半秒鐘就看透事物本質的人，和花一輩子都看不清事物本質的人，注定是截然不同的命運。」**看透事物本質，就是一種邏輯思維能力**。

我們先從一句話開始。「人已經存在幾百萬年了，而你沒有存在幾百萬年，所以你不是人。」這句話有沒有問題？顯然有。那問題出在哪裡呢？要是這麼問的話，估計很多人就傻眼了。

這句話的結構，本身是一個邏輯嚴謹的三段論：大前提、小前提和結論。推理過程沒問題，但結論之所以不對，就在於它偷換了「人」這個概念。「人已經存在幾百萬年了」，這裡的「人」，指的是作為物種整體存在的「人類」；而結論中「所以你不是人」的「人」，指的卻是作為生命個體存在的「人體」。這句話裡兩次用到「人」這個字，但指代的卻不是同一個概念。說話的人借助語言系統的缺陷，偷換了概念。

什麼叫作概念？

概念由兩個部分組成：內涵和外延。比如，「產品」這個概念，它的內涵是人們通過勞動創造出來的新物體；外延，則是所有擁有這個內涵的物體：蘋果手機、太太做的飯等。

容易與「產品」混淆的另一個概念，是「商品」。商品的內涵，是用於交換的勞動產品。由此可以看出，商品的內涵比產品的內涵更豐富。隨之帶來的，就是外延的減少：太太做的飯就被排除出去了。

從產品到商品，到進口商品，到從美國進口的商品，內涵愈來愈多，外延愈來愈少。內涵和外延稍微一變，就不是同一個概念了。這世界上的概念無窮多，但文字是有限的，人類必須用有限的文字來表述無窮的概念。所以，大量明明不同的概念，只能共用一個名字。人類語言系統的這個漏洞，就給概念偷換者留下了巨大的空間。

怎麼辨呢？邏輯學家提出：我們在溝通時，必須遵守一個基本原則——同一律，也就是前後提及的概念，內涵和外延必須保持同一。

這個原則說起來容易，做起來難。我們不妨來練習一下，看看自己是否能識別無意識的「混淆概念」和有意識的「偷換概念」。

比如，公孫龍騎白馬過函谷關。守衛說：人可以過關，馬不行。公孫龍說：但我騎的是白馬，不是馬啊！守衛一臉茫然：白馬不是馬嗎？公孫龍說：白馬不是馬。如果白馬是馬，那為什麼還要有「白馬」和「馬」這兩個不同的名字呢？

古代沒有邏輯學，也沒有「內涵」和「外延」這兩個詞。但公孫龍的意思，其實就是說「白馬」和「馬」的內涵、外延不一樣。有的人或許會覺得：對啊！它們的內涵、外延確實不一樣，公孫龍的話似乎有點道理，但總感覺哪裡不對。

那麼，公孫龍有沒有偷換概念？當然有，他偷換的是「是」這個概念。守衛說「白馬是馬」，這個「是」的內涵是「屬於」，即白馬屬於馬。公孫龍說「白馬不是馬」，這個「是」的內涵是「等於」，即白馬不等於馬。白馬當然不等於馬，但白馬屬於馬這個種類。

邏輯思維強大的人，可以讓溝通變得更有效。善意的反用邏輯，是「幽默」；惡意的反用邏輯，是「詭辯」。

再舉個例子，說說「幽默」。一個朋友調侃：「沒想到，你這麼有錢的人，居然也在路邊吃麻辣燙啊！」另一個朋友反問：「不在路邊吃，難道要到馬路中央吃？」這個對話之所以會產生幽默的效果，恰恰是因為它違反了邏輯，違反了同一律。反問者偷換的不是概念，而是論題：調侃者的論題其實是「有錢人不應該吃麻辣燙」；反問者卻偷換成「吃麻辣燙應該在路邊」。

不管是混淆概念、偷換概念，還是混淆論題、偷換論題，本質都是處於「思維不確定性」中的大腦不斷違反邏輯的同一律，而不自知。

KEYPOINT

同一律

同一律是邏輯三大基本定律之一。它要求人們自覺的保持同一思維過程中概念、判斷（或論題）的確定性。也就是說，它要求人們的思維具有確定性。混淆概念、偷換概念，混淆論題、偷換論題，會導致自己的思維一團糨糊，導致大家的討論變成「雞同鴨講」。

2 誰幫理髮師理髮——矛盾律

兩個互相否定的思想，不可能都對，一定有一個是假的。你需要訓練自己擁有能夠識別邏輯謬誤的能力。

邏輯三大基本定律之二，是矛盾律。矛盾律，也稱為「不矛盾律」。說得學術一些，就是兩個互相否定的思想，不可能都對，一定有一個是假的。說得通俗一些，就是：別自己打臉。

舉個廣告的例子。「今年過節不收禮，收禮只收×××」這句廣告詞中，前後兩句就屬於自己打臉了。邏輯不嚴謹，不是什麼違法犯罪。**有時候我們明知違反了邏輯，還依然這麼用，只是想通過製造矛盾的效果，抓住大家的注意力。**包括我自己在內，有時稍不留意，也會說出一些自相矛盾的話來。

但是，作為一名商業人士，至少要具備識別邏輯謬誤的能力。怎麼識別？既然「兩個互相否定的思想，不可能都對」，那麼首先就要理解什麼叫「否定」。比如，成功的否定，是失敗嗎？成功的否定，不是失敗，而是「未成功」。未成功和失敗不是一回事嗎？不是。未成功，可能是失敗，也可能是種未知狀態，這種未知狀態未來可能會演化為成功，也可能演化為失敗。未成功的外延，大於失敗。所以，成功和未成功，是互相否定的。

其次，試著培養識別三種「自相矛盾」的能力。

第一，自相矛盾的概念。

有的概念，內涵和外延都很清晰，不會有歧義。而我們一眼就能看出來的，往往是自相矛盾的概念。比如：一個黃昏的早晨，一個年輕的老人手持一把鋒利的鈍刀，殺死了一個活蹦亂跳的死人。黃昏的早晨、年輕的老人、鋒利的鈍刀、活蹦亂跳的死人，這些都是明顯自相矛盾的概念。

還有一些概念，因為有不確定性，矛盾不太明顯。比如，很多商業人士特別喜歡說類似的話：「我用否定的心態來肯定你」、「你這是謹小慎微的膽大妄為」、「他是一個悲觀的樂觀主義者」……仔細琢磨這些話，都是自相矛盾的。

第二，自相矛盾的判斷。

有時候我會心血來潮，用一句玩笑話來開始演講。比如：「我很喜歡深圳這個地方，早上從飯店出來，看到萬里無雲的天空上，朵朵白雲。」有幽默感的同學會心一笑，因為他知道我這句話是自相矛盾的。這句話中有兩個判斷：萬里無雲和朵朵白雲，兩個判斷不可能同時都對。

類似這樣顯然自相矛盾的判斷還有：「這個山洞從來沒有人進去過，進去了的人也從來沒有出來過」；「整幢大樓漆黑一片，只有一個房間的燈是亮的」……聽到這樣的話，你可以莞爾一笑，但心裡要清楚：這傢伙滿嘴都是自相矛盾的判斷。

也有些判斷比較複雜。比如，「我既是廣東人，也是廣西人」，這句話裡的兩個判斷就不一定自相矛盾。

第三，悖論。

邏輯中有一種非常特殊的自相矛盾，叫作「悖論」。比如，「我說的這句話是假的」，就是一個經典的悖論。如果話是真的，「我說的這句話是假的」就是假的；如果話是假的，「我說的這句話是假的」就是真的。悖論，就是繞來繞去，可以從對推出錯，從錯推出對。

還有著名的「羅素悖論」，理髮師說：「我只給村裡所有不自己理髮的人理髮。」那麼大家想一想，誰幫理髮師理髮呢？

KEYPOINT

矛盾律

矛盾律也是邏輯三大基本定律之一，指的是兩個互相否定的思想，不可能都對，一定有一個是假的。關於「否定」，成功的否定，不是失敗，而是「未成功」；開心的否定，不是傷心，不是不開心，而是「沒有開心」。遵守矛盾律，要訓練識別自相矛盾的概念、自相矛盾的判斷和悖論。

3 生存還是毀滅，沒有中間狀態——排中律

兩個自相矛盾的觀點，一定有一個是對的，沒有「都不對」這種中間狀態。

一家公司的決策人說：「我認為降價不對，這會造成品牌價值受損。但是不降價也不對，畢竟眼前的銷售壓力很大……」另一家公司的負責人說：「我不認為創業期需要KPI（關鍵績效指標），但是，也不是說創業期的KPI就不重要。」

每次聽到這樣的話，我就忍不住想把說話人拉去坐牢。這種自以為充滿辯證智慧的話，其實都是模稜兩可：這麼做不可以，不這麼做也不可以，「模稜兩不可」。它們都違反了邏輯三大基本定律之三——排中律。

什麼叫排中律？就是兩個自相矛盾的觀點，一定有一個是對的，沒有「都不對」這種中間狀態。在這種情況下，一個人可以不表態，但是如果表態，就不能說「兩個我都不同意」。

什麼叫自相矛盾的觀點？比如，「他是男性」和「他不是男性」，這就是兩個

自相矛盾的觀點，沒有「都不對」的中間狀態。

有一種情況，比如老闆對你說：「你這個項目，不能說成功了，也不能說沒成功。」這句話有邏輯問題嗎？有，它要麼違反了同一律，要麼違反了排中律。如果這句話中前後兩個「成功」的內涵和外延不一樣，分別從不同角度定義「成功」，它就違反了同一律，因為說話者偷換了「成功」的概念，有意或者無意的製造邏輯混亂。反之，如果是同一個概念，它就違反了排中律，因為不存在「成功」和「沒有成功」之外的中間狀態。

準確的說法應該如何呢？可以這麼表達：如果用「賺不賺錢」來衡量，我認為這個項目不算成功，因為公司畢竟虧了錢；但如果從「有沒有成長」來看，也不能說沒成功，因為大家獲得了寶貴的經驗和教訓。

排中律有一個重要價值，是識別和揭穿那些「模稜兩可者」，提高思辨的能力，以及溝通的效率。而它最大的價值，則是衍生出了名震四海的推理方法——反證法。

什麼叫反證法？

根據排中律，既然兩個自相矛盾的觀點一定有一個是對的，沒有「都不對」的中間狀態，那麼只要證明其中一個是錯的，不就等於證明了另一個是對的嗎？這就是反證法，是排中律最知名的運用。

大學士劉墉直言進諫，觸怒龍顏。乾隆皇帝一氣之下，命令他抓「生死鬮」[6]：紙團上若寫著「生」字，則得生；若是「死」字，則得死。其實劉墉心裡知道，兩個紙團上都寫著「死」字，不管抽到哪一張，都難逃一死。怎麼辦？反證法啊！只要證明沒抽到「死」，不就等於證明抽到的是「生」嗎？於是，他靈機一動，上前抽出一個紙團，一口吞下去。現場所有人都傻眼了，大家只能打開另一個紙團來看，果然是「死」。基於排中律，乾隆皇帝只好赦免劉墉。

怎麼才能學好、用好反證法呢？

一個邏輯嚴謹的反證法，有三個必不可少的步驟：反設、歸謬和存真。比如，我常說：「成功企業轉型，獲得二次成功，是小機率事件。」這個觀點很難用三、五句話證明，我們不妨試試反證法。

第一，反設。

反過來假設這個觀點不成立，也就是「成功企業轉型，獲得二次成功，是大機

6 抓鬮：從預先做好記號的紙捲或紙團中，拈取其中一個，以取決事情。

率事件」。

第二，歸謬。

如果真是大機率事件，那麼歷史上很多著名的商人，像管仲、商鞅、陶朱公等，他們的企業應該大機率會基業長青的持續到現在。今天的商業世界中，應該到處是「管仲控股」、「商鞅集團」、「陶朱公科技」才對。但是，現實果真如此嗎？

第三，存真。

所以，「成功企業轉型，獲得二次成功，是小機率事件」。

KEYPOINT

排中律

排中律，就是兩個自相矛盾的觀點，一定有一個是對的，沒有「都不對」這種中間狀態。排中律可以用於識別和揭穿那些「模棱兩不可」的模稜兩可者，提高思辨的能力，以及溝通的效率。但其最大的價值在於反證法。用「反設、歸謬、存真」的方法，在兩個自相矛盾的觀點中，通過證明一個觀點是錯的，來證明另一個觀點是對的。

4 一眼識別詭辯的五個方法——三段論

想要成為商業世界的洞察者，就要多花時間，刻意訓練嚴謹的推理能力和迅速識別邏輯謬誤的能力。

我們來看下面一段邏輯：

你說甲生瘡；甲是中國人，你就是說中國人生瘡了；既然中國人生瘡，你是中國人，就是你也生瘡了；你既然也生瘡，你就和甲一樣；而你只說甲生瘡，則竟無自知之明，你的話還有什麼價值？倘你沒有生瘡，是說誑也；賣國賊是說誑的，所以你是賣國賊；我罵賣國賊，所以我是愛國者；愛國者的話是最有價值的，所以我的話是不錯的；我的話既然不錯，你就是賣國賊無疑了！

聽完這一段邏輯，是不是會令人倒抽一口冷氣？其實，這是大約一百年前，魯迅在一篇文章〈論辯的魂靈〉裡的一段話，諷刺當時很多人的論辯邏輯。

可是一百多年過去了，今天我們在網路上依然可以看到大量類似的言論：

我是愛國的，所以我去砸日本車；既然我是愛國的，而你阻止我砸，所以你是賣國的；賣國是不對的，你賣國，所以你的觀點是不對的；你的觀點不對，而我的觀點和你不同，所以更加證明了我的觀點是正確的。

如果說一百多年裡，大家的邏輯思維能力沒有大長進的話，大約是因為一直缺乏真正的推理訓練。在上述魯迅的文字中，大量使用了一種最基本的推理形式——三段論。

什麼是三段論？

簡單來說，**三段論是一種「大前提、小前提、結論」式的推理**，其基本邏輯是：如果一類對象的全部都是某某，那麼它的部分也必然是某某；如果一類對象的全部都不是某某，那麼它的部分也必然不是某某。

比如著名的「蘇格拉底三段論」：

大前提：所有人都是要死的；

小前提：蘇格拉底是人；

結論：所以蘇格拉底要死。

聽上去很簡單，但是為什麼魯迅那段文字中的三段論似乎全是謬論呢？因為一個邏輯嚴謹的三段論，還有五項基本原則。有了這五項原則，我們才能「一眼識別詭辯」。

第一，四項錯誤。

一個三段論中，只能有三個不同的概念。如果有四個，就一定錯了。比如，「人已經存在幾百萬年了，而你沒有存在幾百萬年，所以你不是人」，這個三段論中，看上去只有三個概念：人、幾百萬年、你，但因為前後兩個「人」違反了同一律，是兩個不同的概念，所以其實一共有四個概念：人類、幾百萬年；你、人體。

第二，中項兩不周延。

什麼叫中項？比如，「所有人都是要死的，蘇格拉底是人」，這裡的「人」就是中項，用來聯繫大前提和小前提。

什麼叫周延？「所有中國人」指全部，是周延的概念；「一部分中國人」，是不周延的概念。

比如這個三段論：一部分中國人很有錢，北京人是一部分中國人，所以北京人很有錢。「一部分中國人」是聯繫大前提和小前提的中項，但是不周延，所以犯了「中項兩不周延」的邏輯錯誤——北京人是一部分中國人，但不一定是有錢的那一部分中國人。

第三，大項擴大，小項擴大。

比如，「運動員需要鍛鍊身體，我不是運動員，所以我不需要鍛鍊身體」，一聽就不對，到底錯在哪兒呢？這句話的大前提其實是：運動員是「部分」需要鍛鍊身體的人。結論其實是：我不在「全體」需要鍛鍊身體的人之中。大前提是「部分」，結論是「全體」，就是「大項擴大」。

再比如，「地瓜是高產作物，地瓜是雜糧，所以雜糧是高產作物」，顯然也不對。這句話的小前提其實是：地瓜是「一種」雜糧。結論其實是：「所有」雜糧是高產作物。小前提是「一種」，結論是「所有」，就是「小項擴大」。

第四，前提都為否，結論不必然。

假如有人說：韓國不是大陸國家，韓國不是熱帶國家，所以……不等他說完，你就可以脫口而出了：大前提、小前提都是否定句，「所以」是得不出必然結論的。

第五，前提有一否，結論必為否。

比如，「人非草木，哲學家是人，哲學家非草木」、「蛇是無足的，此動物不是無足的，所以此動物不是蛇」，這兩句話是對的。大前提或小前提是否定句，並且只有一否，那麼結論一定為否定句形式。

想要成為商業世界的洞察者，就要多花時間，刻意訓練嚴謹的推理能力。

KEYPOINT

三段論

簡單來說，這是一種「大前提，小前提，結論」式的推理。想要「一眼識別詭辯」，需要掌握三段論的五項基本原則：四項錯誤；中項兩不周延；大項擴大，小項擴大；前提都為否，結論不必然；前提有一否，結論必為否。

5 幾乎所有知識，都始於歸納法——歸納法

幾乎所有的知識，都始於歸納法。但是，我們必須對猜想之外的可能性，也就是「黑天鵝」，永遠心懷敬畏。

邏輯學，和經濟學、管理學、心理學等不同，後者都屬於「認知」，而邏輯學則是獲得這些認知的「方法」。所以，邏輯學比所有學科更底層，是一門硬知識。在智商測試中，不考經濟學、管理學、心理學等知識，而考邏輯思維能力，也是因為如此。

如果說一個人的智商是未經打磨的鑽石，那麼邏輯思維訓練就是打磨、切割鑽胚，使其最終成為一枚鋒利無比、璀璨奪目的鑽石，再用來切割經濟學、管理學、心理學等一切堅硬的認知。

歸納法，是邏輯學這門硬知識中的最後一講。大家可能聽過這個故事：農場裡有群火雞，農場主每天中午十一點來餵食。火雞中有位「科學家」觀察

了近一年，向雞群宣布一個偉大的定律：中午十一點，會有食物降臨。但是感恩節那天，這個定律失效了，中午十一點並沒有食物降臨，因為農場主把所有火雞都宰殺了，把牠們變成了食物。

這個故事最早由著名的英國哲學家伯特蘭·羅素（Bertrand Arthur William Russell）提出，被稱為「羅素的火雞」，用來諷刺歸納主義者：通過有限的觀察，得出自以為正確的規律性結論。

到底什麼是歸納法？歸納法真的是偽科學嗎？

歸納法，是從特殊推出一般的方法。比如：「中國的天鵝是白色的，美國的天鵝是白色的，我見過的天鵝全是白色的，所以，所有天鵝都是白色的。」有的人很快會發現問題：天鵝不一定都是白色吧？確實。**歸納法的輸出，不是「定律」，而是「猜想」**。可以說：我猜想，所有天鵝都是白色的。

再比如，著名的「哥德巴赫猜想」，哥德巴赫（Christian Goldbach）從無數實例中歸納出一個猜想：任一大於二的偶數，都可寫成兩個質數之和。在這一猜想提出後三百多年的今天，據說計算機已經驗證了4×10^{30}內的所有偶數，都符合猜想，但是由於沒有經過演繹法證明，猜想只是猜想。

什麼是演繹法呢？

演繹法，是從一般推出特殊的方法。比如，「所有貓都喜歡吃魚，我家養的是貓，所以牠也喜歡吃魚。」前面講到的三段論，其實是演繹法的最基本形式。

歸納法從現象提煉出猜想，演繹法把猜想證明為定律。

有的人可能會問：要是歸納法只能得出不確定的猜想，而不是確定的定律，那它有什麼用呢？恰恰相反，歸納法的作用超乎想像。牛頓從無數次試驗中，歸納出了「牛頓三大定律」；經濟學家從人們的交易現象中，歸納出了「供需理論」……幾乎所有的知識，都始於用歸納法建立的猜想，再用演繹法進行嚴謹的證明。可以說，沒有歸納法，就沒有演繹法；沒有猜想，就沒有證明。

應該如何訓練歸納法的能力呢？在這裡，我要向大家介紹著名的「彌爾五法」。

第一，類同法。

農場有十萬隻火雞吃了發霉的花生，死於癌症。吃了發霉花生的其他動物，比如羊、貓、鴿子、大白鼠、魚和雪貂，後來也都得癌症死了。於是人們通過類同法歸納：吃發霉的花生，可能是罹患癌症的原因。後來化驗證明，發霉花生中含有黃麴黴素，而黃麴黴素是一種致癌物質。科學家通過演繹法，證明了這個猜想。這就是類同法。

第二，別異法。

五個中國人和外國人一道遠洋航行。途中，外國人全得了壞血病，奄奄一息，只有中國人安然無恙。大家用別異法觀察發現，中國人跟外國人的不同之處在於中國人喜歡喝茶，於是歸納出「喝茶能抵禦壞血病」的猜想。這就是別異法。

第三，同異法。

某些地方的居民容易高發甲狀腺病。醫療隊走訪了幾個病區，用類同法觀察發現，雖然各病區的情況大不相同，但是有一點相似：居民的食物和水中缺碘。他們又走訪了那些不流行甲狀腺病的地區，發現當地居民不缺碘。於是，醫療隊用類同法和別異法，歸納出一個猜想：缺碘是甲狀腺病的病因。這就是同異法。

第四，共變法。

有人發現，產品愈稀少（也就是供小於求），價格愈高；產品愈充沛（也就是供大於求），價格愈低。供給和需求共同變化，經濟學家據此歸納出「供需關係」的理論猜想。這就是共變法。

第五，剩餘法。

詹森（Pierre Janssen）和羅克耶（J. N. Lockyer）研究太陽光譜時，發現了一條紅線、一條青綠線、一條藍線和一條黃線。前三者是氫的光譜，第四種未知，於是他們用剩餘法歸納：一定存在一種新物質。後來證實，這種新物質叫作「氦」。這就是剩餘法。

KEYPOINT

歸納法

歸納法是一種從特殊推出一般的方法。歸納法從現象提煉出猜想，演繹法把猜想證明為定律。幾乎所有的知識，都始於歸納法。怎樣訓練歸納法？用著名的「彌爾五法」：第一，類同法；第二，別異法；第三，同異法；第四，共變法；第五，剩餘法。

筆記時間

第3篇

PART
THREE

第七章

談判能力

自己先開價，還是讓對方先開價——**定位調整偏見**

這個要求，我要請示一下——**權力有限策略**

女生為什麼會逼婚——**談判期限策略**

吃驚、撤退和轉身就走——**出其不意策略**

我多拿一元，你就必須少拿一元嗎——**雙贏談判**

1 自己先開價，還是讓對方先開價——定位調整偏見

把談判戰場直接定位到對方的底線，然後在此定位附近小範圍拉鋸，這能在資訊不對稱、利益不一致的談判中，為自己爭取最大利益。

在商業世界中，交易雙方掌握著並不對稱的資訊，為了獲得最大的個體利益或整體利益，常常需要通過談判來達成雙贏或妥協。這種在資訊不對稱、利益不一致情況下的特殊溝通能力，就是談判能力。

比如，某人看中一件清代古董，特別喜歡，但是售價非常高。這是一種典型的資訊不對稱情況，買家不知道底價是多少，買賣雙方的利益也不一致，買家希望愈便宜愈好，賣家則正好相反。這個時候應該怎麼辦？賣家可能會指指旁邊的唐朝古董，告訴買家「那個更貴」——很明顯，他在運用「價格錨點」策略，讓買家覺得清朝古董並不算貴。賣家還會說：「古董是投資品，愈來愈值錢，不像汽車這類消費品，到手就掉價一大半。投資古董划算多了。」——他這是在運用「心理帳戶」

策略，試圖把古董從買方的消費帳戶，挪到投資帳戶裡。

買方應該怎麼應對呢？可以試試運用「定位調整偏見」。社會心理學家曾做過一個試驗：在召集會議時，先讓人們自由選擇座位，然後請他們到室外休息片刻，再進入室內入座。如此五六次之後，試驗人員發現，多數人都選擇了他們第一次坐過的座位。大家都被自己心理的「錨」，定在了那個位置上，一旦「錨定」，後面的各種討論、決策都容易受此影響。

回到古董的案例上，買家怎麼才能便宜的買到那件古董呢？

法國文豪大仲馬（Alexandre Dumas）有過一模一樣的遭遇，他也看中一件古董，賣得也很貴。他是怎麼做的呢？他先找了兩個朋友到店裡逛逛，假裝要買古董。第一個朋友開了一個不可思議的低價，賣家憤然拒絕。過了一會兒，第二個朋友也進店裡，開了一個差不多的低價，賣家很不樂意，但是語氣中有了商量的餘地：「這也太低了，你再高一點吧？」這時，賣家的定價已經被從高位強行拉下來，定在了一個很低的價位上。接著，大仲馬出場，他在第二個朋友的價格上稍微加了些錢，就順利買下古董。

把談判戰場直接定位到對方的底線，然後在此定位附近小範圍拉鋸，這種通過定位效應獲得對自己有利的談判結果的方法，就叫作「定位調整偏見」。對方只能在定位附近波動，很難調整定位本身。

應該怎麼運用定位調整偏見呢？記住三個原則：

第一，爭取先開價。

很多人在談判時喜歡問對方：「你覺得多少錢合適？」假如你的底線是二十萬元，你希望對方開出三十萬元，然後自己心生竊喜的答應？這種情況，在真正的談判中幾乎不會發生。**讓對方先開價，就是給對方使用定位調整偏見的機會。**他可能會報五萬元，直接把談判戰場定位到你的底線以下。

第二，愈極端愈好。

大仲馬用的就是極端報價策略，把談判「錨定」在低價區間。反過來，賣家也一樣。非常高的價格就是「錨」，一是穩定住了自己的贏利空間，二是為顧客創造出虛幻的「折扣」和「優惠」，讓顧客為自己爭取到的「低價」產生成就感。

在商業談判中，極端報價有時還可以超越價格，用在一些其他的「等價條件」上，比如工作範圍、項目工期、品質標準等。可以試著在等價條件上，提出「無理要求」。比如，甲方說：「價格我們先放一邊，但這個項目，我希望能在三十天內完成。」乙方心裡叫苦不迭：「這是一個計劃半年的項目啊！」其實，甲方真正在乎的還是價格。然後，甲方可以在項目工期、工作範圍、品質標準上一點點艱難的讓步，讓乙方用別的條件「買」回去。比如，甲方說：「我可以降低一些質量標準，從六標準差降為五標準差（標準差計算，是對過程滿足質量要求能力的一種度量），但是需要在預算裡扣除質量準備金。」

第三，留還價餘地。

談判時，要避免一種情況：你開了一個看似毫無誠意的價格，對方一怒之下拂袖而去，生意沒了。所以，在開價之前要提醒或暗示對方，這個價格還是有商量餘地的。這樣，對方即便覺得你的價格很荒唐，也會在他心中錨定，影響下面的談判。

美國前國務卿季辛吉（Henry Alfred Kissinger）說：開價的技巧，在於你可以提出一個極端到令人難以接受的開價點，你愈漫天要價，對方愈是有可能把你真正的要價看作讓步。

KEYPOINT

定位調整偏見

定位調整偏見是一種談判技巧，利用先入為主的定位效應，把價格談判或者條件談判直接錨定在對方的底線附近，然後拉鋸。在資訊不對稱、利益不一致的談判中，定位調整偏見可以為自己爭取最大利益。具體有三個原則：第一，爭取先開價；第二，愈極端愈好；第三，留還價餘地。

2 這個要求，我要請示一下——權力有限策略

通過設定一個「不露面的人」，限制自己談判的權力，給予自己在關鍵問題上說「不」的能力，讓對方做出最大可能的讓步。

一個人決定買輛車，他來到4S（集整車銷售、零配件、售後服務和資訊反饋四位一體的汽車銷售服務）店，看了很多，也和業務聊了很久，終於訂下型號、配置。接下來就該討價還價了。業務都是經過談判培訓的，買方也不甘示弱，一上來就採用「定位調整偏見」，開出一個極低的價格，打算跟對方在底線附近展開拉鋸。業務處變不驚，不斷用各種贈送服務來換取價格的提升。最後，雙方終於到達一個價格點上，差不多就要成交了。這個時候，買方應該怎麼辦？是拍桌子說「簽約」，然後提車走人嗎？

不是。買方可以對業務說：「你真是厲害，我被你說服了，就這樣訂了吧。但是我還得打個電話，跟單位領導最終請示一下。」啊？買車還需要跟領導請示嗎？

就算要請示，他是執行長，你是董事長；他負責賺錢，你負責花錢，這職能、職權也弄顛倒了吧？其實，這無關組織架構的問題，只是一種談判技巧而已，叫作「權力有限策略」。

什麼是權力有限策略？

權力有限策略，就是告訴對方：我後面還有一個「不露面的人」，他才是最終的決策者。雖然我有足夠大的談判權力，但如果談判條件超出了我的權限，我還是需要向他請示。

回到買車的案例上，買方可以隨便打個電話糊弄一下，然後愁眉不展的告訴業務：「領導覺得太貴了，他讓我再看看別家。你給我留個電話吧，我再找你……」這時候，業務的心裡一定會像針扎，他可能會說：「你等等，我也打個電話問問我的領導，看能不能幫你爭取一張加油卡……」

這就是權力有限策略。通俗的說，就是「對不起啊，雖然我理解你的立場，但是你的要求實在太過分了，我沒有權力答應你」。這種外表柔軟、內心堅定的拒絕，常常會使對方大傷腦筋。**受限的談判權力才會有真正的力量，和全權談判者相比，更容易處於有利狀態。**

應該怎麼利用權力有限策略呢？可以試試從四個方面，主動限制自己的談判權力：金額、條件、程序和法律。

第一，金額的限制。

買車案例就是典型的金額限制──「領導覺得太貴了」，這是最常用的權力有限策略。它給談判設定了一個最低目標，比如「成交價格最多不能超過多少錢，並用「我要向領導請示」作為盾牌，保護這個目標。

如果對方說：「你能做主嗎？不能做主，不要和我談。」怎麼辦？

很多人喜歡在名片上印「董事長兼執行長」的職銜，這雖然看上去很高級，但也會讓自己在談判的時候失去退路。可以試著在名片上印「共同創辦人」，它同樣能表示你有談判的資格，但遇到艱難問題時，也能有餘地跟對方周旋：「這個問題很重大，我必須尊重其他創辦人的意見。請稍等，我去打個電話。」

第二，條件的限制。

條件的限制，更加容易使用權力有限策略。比如，你可以大方的說：「金額可以談，但是『服務費用占開發費用的百分之十五』這個條件沒得談。這是我們一貫的原則，因為它關乎項目的最終質量。要打破這個原則的話，我們只能回去開會討論了。」相對於金額限制，條件的限制更容易被對方理解和接受。

第三，程序的限制。

比如：「我可以原則上答應你，但所有新產品上線，都要營運部門簽字同意。我把我們剛剛談完的參數指標整理一下，請營運部門今晚加班看一下，明天給你最終答覆。」這就是用程序的限制，獲得回轉餘地。

第四，法律的限制。

比如：「我們必須合法經營。剛才的條款，我全部同意，但還有一些合約上的擔心。行政部門的要求通常都很嚴格，我要請他們在不改變條件的前提下，重新看一遍條款。」

行政部、財務部、法務部等，常常為公司揹黑鍋。但是，他們卻可以成為權力有限策略中非常重要的「不露面的人」。

KEYPOINT

權力有限策略

通過設定一個真實或虛構的「不露面的人」，限制自己談判的權力，從而給予自己在關鍵問題上，外表柔軟、內心堅定的說「不」的能力，讓對方大傷腦筋，做出最大可能的讓步。運用權力有限策略有四種方法：第一，金額的限制；第二，條件的限制；第三，程序的限制；第四，法律的限制。

3 女生為什麼會逼婚——談判期限策略

要充分利用時間對雙方的不對等價值，獲得談判優勢。若延長談判時間對自己有利，就用策略延遲；對對方有利，就設定最後期限。

在前一節中，買車的案例其實還沒說完。假如4S店的業務說：「我幫你申請了，領導同意特批一萬元的加油卡。這可是從來沒有過的優惠啊！」這時應該怎麼做？總不能說：「還是貴，你再便宜兩萬元吧。」那樣就顯得太沒誠意了。

每一個階段性的談判成果，都要承認，絕不能沒有理由的推倒重來，否則立刻失去談下去的基礎。

買方可以說：「太好了，我現在就付訂金。全額什麼時候付？啊？今天不行，我們公司月底才發薪資。我今天先付訂金，下個月一號再付全額，行不行？」這並不是一個過分的要求，但是業務可能會立刻變臉色，因為在他心中，這筆訂單是有一個談判期限的。

很多公司激勵銷售團隊的方式是「薪資＋獎金」，獎金有計算期限，大多數公司會按照月度或季度計算和發放獎金。所以，每到月底，業務都拚了命；每到年底，銷售部都快瘋了。同一個訂單，月底成交和四、五天之後的月頭成交，獎金的差別巨大。所有銷售，都有一個週期性的談判期限。

所以，4S店的業務很可能會對買方說：「我這個月底衝業績，您就當幫我一個忙，今天付全款吧！」只要買方稍微做出為難的樣子，業務或許就會再送一些貼膜、腳墊、薰香、倒車雷達之類的小禮品。

這就是「談判期限策略」，充分利用時間對雙方的不對等價值，獲得談判優勢。

怎麼才能利用好談判期限策略呢？其實很簡單，記住兩個方法：策略延遲和最後期限。

第一，策略延遲。

比如案例中汽車的買家，用的就是「策略延遲」法。如果時間拖得愈久，對對方愈不利，就可以採用這種方法，直到對方迫於時間壓力，必須盡快達成一致時，另一方就獲得了談判的優勢地位。

一個德國代表團去日本進行為期四天的訪問談判。當日本人了解到，德國人已經買了週五回國的機票後，就對德國代表團說：「這是你們第一次到日本吧？請一定給我們機會，帶貴客們好好參觀一下日本，以盡地主之誼。」日本人的熱情讓德國人不好推辭，他們第一天、第二天、第三天都在旅遊觀光。到了第四天，雙方終於坐上了談判桌，日本人搬出堆積如山的資料，請德國代表團仔細查看。德方還沒來得及看完資料，簽約時間就迫在眉睫了。如果不簽，這麼高規格、大規模的代表團來到日本，卻空手而回，沒法交代。所以，德方只好在保證基本利益的前提下，忽略很多細節，匆忙簽訂了協議。日本人充分利用談判期限策略，獲得了巨大的談判優勢。

談判之前，需要充分了解對方的談判期限，這個期限可能是：對方國家的節假日，比如聖誕節；對方公司的現金流，決定下一輪融資的最晚時間；對方鎖死的發布會日期；軟體平台上線日期等。

第二，最後期限。

假如時間的延遲對自己更不利呢？可以反向使用談判期限策略，設定最後期限。比如：「好，我們同意降低百分之十的價格，但前提是你們有足夠的誠意，今天就能簽約。如果今天不能簽，這個基於你們誠意的讓步，我們只能收回。」這就是最後期限：把時間的壓力放到對方身上。

艾科卡（Lido Anthony Iacocca）是美國汽車界的巨頭，他接手克萊斯勒的爛攤子時，決定把工人的薪資從每小時二十美元，降低到每小時十七美元。工會當然拒絕接受，並列舉了無數理由。公司運行已經非常艱難，但談判一直沒有結果。艾科卡於某天晚上十點，與工會代表進行了最後的談判：「我希望你們能做出最後的決定，如果不同意十七美元的薪資，我明天早上只能宣布公司破產。給你們八個小時的時間考慮。」工人們聽到破產的最後期限，連夜開會，綜合薪資水平、經濟環境、公司情況，最終接受了艾科卡的條件。艾科卡使用的就是「最後期限」法。

KEYPOINT

談判期限策略

談判期限策略，就是充分利用時間對雙方的不對等價值，獲得談判優勢。如果延長談判時間對自己有利，就用「策略延遲」法；如果延長談判時間對對方有利，就用「最後期限」法，倒轉優劣勢。

4 吃驚、撤退和轉身就走——出其不意策略

商業談判中，試試用一些出其不意的策略，打破對方的談判邏輯，擊穿對方的心理防線，可以令其立刻處於巨大的談判劣勢中。

我看過一些警察審訊和法院庭審的小說、電影，比如王朔的小說《枉然不供》和周星馳的電影《九品芝麻官》。審訊和庭審是一種特殊形式的「談判」：警察或律師和犯罪嫌疑人當眾「談判」，最終目的是讓嫌疑人自己承認罪行。

經過訓練的警察或律師會循循善誘，讓犯罪嫌疑人不斷為編撰的故事描繪細節，構建摩天大廈，然後在關鍵時刻抽掉大廈最底層的一塊磚，使其轟然倒塌。這種「抽磚」的方式，可能是往桌上拍出一個無可辯駁的證據，比如，「死者其實是個左撇子，扳機上也是他左手的指紋。請你解釋一下，他是如何用左手扣動扳機，射中自己右太陽穴的？」虛構的摩天大廈會立刻崩塌，犯罪嫌疑人的心理防線也會隨之崩塌。這種特殊的談判策略，就叫作「出其不意策略」。

出其不意策略，也可以用在商業談判中：打破對方的談判邏輯，擊穿對方的心理防線，令其立刻處於巨大的談判劣勢中。

舉個例子，在談判桌上，作為採購方，自然很希望系統整合商能夠大幅度降低軟體開發費。談判之前，採購方做過一些調查，發現對方項目人員清單上列舉的幾個核心技術人員，其實一直深陷其他項目，無法脫身。那麼，採購方可以問：「清單上的幾個資深技術專家會全職參與我們的項目嗎？」如果對方毫無防備的應答：「當然，您的項目是第一優先級。也因為有他們參與，成本很高，開發費真的降不下來。」這時候，採購方就有了口實：「哦？據我所知，技術專家某某剛剛參與了A項目，要到五月分結束；他還參與了B項目，六月分結束；還有C項目，七月分結束……有客戶已經投訴，如果他再不去項目組，就不付尾款了。你怎麼讓他全程參與我們的項目呢？」

這就是出其不意策略：**在關鍵時刻，突然拋出對方以為你不知道的、無可辯駁的新資訊，讓對方驚訝，從而不知如何應對。這時，你再提出條件，就很容易被接受。**

應該如何利用出其不意策略，獲得談判優勢呢？需要理解該策略的三種用法：吃驚、撤退和轉身就走。

第一，吃驚。

上述兩個案例，利用的都是「吃驚」法：告訴對方，你掌握了無可辯駁的證據，或者知道一些他以為你不知道的事情，從而讓對方大吃一驚。

運用「吃驚」法，最好的時機是臨近談判結束，比如四天談判會的最後一天。對方突然亂了陣腳，卻沒有足夠時間重新組織談判策略。這就是所謂「正兵貴先，奇兵貴後」。

第二，撤退。

當對方有A、B兩個方案，而你更喜歡A方案的時候，可以試著先圍繞B方案窮追猛打，讓對方以為你對B方案志在必得，從而把A方案列為備選項。然後，你可以及時撤退，選擇A方案。這就是「撤退」法。

比如，採購方說：「還是法國的酒好，我不太喜歡澳洲這些新世界的酒。我多買一些法國紅酒，能不能便宜？」然後，雙方就法國紅酒的價格討價還價，僵持不下。就在幾乎要談不下去的時候，對方很可能會把澳洲紅酒作為「品質錨點」：「要說便宜的話，澳洲紅酒便宜很多，但是品質你看不上啊！」這時趕緊追問：「能便宜多少？」如果對方料定採購方不會買澳洲紅酒，或許會給出一個低價，以襯托法國紅酒的價值，順便恭維一下採購方的眼光。然後，採購方就可以撤退了：「好吧，那就買澳洲紅酒吧！」

第三，轉身就走。

這是一種最常用的出其不意策略，幾乎每個人都會用。在旅遊景點，每天都有上百萬人會問：「多少錢？啊？這麼貴？」然後轉身就走。

但是很多人會發現，這一招並不好用。大多數情況下，賣家不會把你拉回來，而你因為很沒面子，也不好意思折回去再買，結果只能錯失自己想要的東西。這是因為很多人都忽視了，「轉身就走」法有一個重要前提：對方認為你一定會買，這時候轉身就走，才會有出其不意的效果。

如何在轉身就走之前，讓對方認為你一定會買呢？還記得之前講過「沉沒成本」嗎？讓對方付出最大的沉沒成本，比如詢問各種問題、不斷和對方討價還價，讓對方投入大量時間和精力，最後再問價格。不管多少錢，都要像大吃一驚一樣，然後轉身就走。因為這時候，對方認為的必然成交，才會變成出其不意。

KEYPOINT

出其不意策略

在商業談判中，出其不意的打破對方的談判邏輯，擊穿對方的心理防線，令其立刻處於巨大的談判劣勢中。具體的做法有三種：吃驚、撤退和轉身就走。

5 我多拿一元，你就必須少拿一元嗎——雙贏談判

除了「我多拿一元，你少拿一元」的談判外，還可以通過做大增量或者互補存量，讓雙方的整體福利最大化，達到雙贏的效果。

關於談判，有兩大流派：零和談判和雙贏談判。定位調整偏見、權力有限策略、談判期限策略和出其不意策略，都屬於零和談判流派。

世界上，很多談判都是零和談判，比如房產出售、商品買賣等，「我多拿一元，你就必須少拿一元」。前面所講的四個策略，都是教人如何在零和談判中獲得最大的利益。

但是還有一個流派，他們相信：在更多別的談判中，「我多拿一元」不是必然要以「你少拿一元」為代價的，比如策略合作談判、投資條款談判等。這種談判的目的是雙贏，這種談判就叫作「雙贏談判」。

比如，某服裝品牌連鎖店的老闆，發現有一家店的店長做得很不錯。但是老闆

也知道，店長對自己的薪水並不滿意。終於有一天，店長向老闆提出「生活壓力很大，要求加薪百分之五十」。老闆心裡盤算著：第一，不能隨便給任何一個主動提出加薪的店長加薪，否則大家會認為「會哭的孩子有糖吃」，然後紛紛效仿；第二，如果答應了店長的要求，本來就處於盈虧平衡點附近的這家單店，就可能面臨虧損風險。

這時，老闆應該怎麼和店長談判呢？運用定位調整偏見，先把漲薪幅度壓到百分之五，然後一點一點加到百分之八？或者運用權力有限策略，說「這件事我決定不了，公司流程就是這麼規定的」？或者運用談判期限策略，說「我們都再想想」，然後培養一個新助手，減少店長的談判籌碼？再或者運用出其不意策略，對店長說「我調查過了，你的生活壓力根本不大」？

都不對。企業和員工之間，本質上是一種追求雙贏的合夥關係，不應該把彼此置於零和談判的關係中。如果內部博奕就可以獲得單方面收益，那麼不管今天談出什麼結果，過幾天員工還會再來談，永無止境。企業和員工之間必須建立一種雙贏談判的關係。

老闆可以對店長說：「每家單店的經營，最終都要看利潤。有錢賺，大家都可以多分。現在，你負責的店每月利潤穩訂在兩萬元左右，如果給你漲薪百分之五十，它立刻就變成虧損了。這樣吧，我們把兩萬元當成每個月的正常利潤，從下個月開始，單店利潤超過兩萬元的部分，你和團隊拿百分之六十，公司拿百分之四十。至於這百分之六十怎麼分配，由你來決定，好不好？」

看到這裡，有的人可能會立刻想起前面所講的「雙贏思維」和「誘因相容」。是的，這就是雙贏談判：除了「我要多拿」的第一選項和「你要多拿」的第二選項，談判雙方共同尋求「我們都要多拿」的第三選項。

怎樣才能盡可能和對方達成雙贏談判呢？有兩個基本的思路。

第一，做大增量。

雙贏談判的目的，不是分蛋糕，而是把蛋糕做大，是在不損害他人的前提下，改善自己或者彼此的共同利益。這種整體更加獲益的狀態，又叫「柏拉圖最適」。

回到加薪的案例上，老闆和店長談的就是「第三選項」——超額獎金，即通過做大增量的方法，尋求「柏拉圖最適」。

雙贏談判的本質，是不斷尋找「柏拉圖最適」。

第二，互補存量。

《劉潤．5分鐘商學院》有一個重要的合作夥伴——東方航空。坐過東方航空公司飛機的人或許會發現，在機上雜誌《翼貓》的每一期中，都有兩頁《劉潤．5分鐘商學院》的內容，以及用「東方萬里行」的積分兌換《劉潤．5分鐘商學院》全年訂閱的QR code。這兩頁展示，如果按照廣告來計價，會非常昂貴。但是，因為東方航空也需要優質的雜誌內容，所以經過雙贏談判，東方航空決定免費刊登。

再比如，《劉潤．5分鐘商學院》每週日都會為學員提供獎品。這些獎品，是我們經過雙贏談判，由企業免費為學員提供的。

KEYPOINT

雙贏談判

並不是所有的談判都是「我多拿一元，你就必須少拿一元」的零和談判。還有在不損害他人的前提下，改善自己或者彼此共同利益的雙贏談判。這樣的談判結果，又稱「柏拉圖最適」，即讓雙方的整體福利最大化。具體的做法有：第一，做大增量；第二，互補存量。

筆記時間

第八章 演講能力

你不是在講，而是在幫助他聽——**認知臺階**

用畫面感增加語言的廣度——**畫面感**

精采絕倫的開場和餘音繞梁的結尾——**開場與結尾**

現場組織語言能力就像廚藝——**脫稿演講**

從對著鏡子到對著活人——**演講俱樂部**

1 你不是在講，而是在幫助他聽——認知臺階

你永遠不需要「把想法塞到別人的腦海中去」，你需要讓他們自取。要根據聽眾的聽講邏輯，一步步給他們鋪設「認知臺階」。

你有沒有注意到這樣一個現象：愈成功的領袖，演講能力愈強。或者可以反過來說，演講能力愈強的人，愈可能成為領袖。為什麼？因為影響力是成為領袖的必要條件，**而演講是實現影響力最重要的方法之一**。

經常有人說，全天下最難的兩件事情：一是把錢從別人的口袋裡掏出來，二是把想法塞到別人的腦海中去。這個說法不對，因為我們永遠不需要「把想法塞到別人的腦海中去」，只需要讓他們自取；也不需要「把錢從別人的口袋裡掏出來」，只需要讓他們自己掏。大家都喜歡買東西，而不是被賣東西。

主體不對，行為就不對。演講的主體不是作為演講者的「你」，而是作為聽眾的「他」。「你」要深諳「他」的聽講邏輯，而不是「你」自己的演講邏輯。如果

連這個最基本的立足點都不對，做什麼都不對。

根據聽眾的聽講邏輯，一步一步給他們鋪設「認知臺階」，需要掌握三個關鍵點。

第一，按照人的思考線索，而不是知識的樹狀結構來演講。

大部分人的思維是線性的，而不是樹狀的，更不是網狀的。有樹狀思維的，是極少數的聰明人；有網狀思維的，是舉世難求的大智慧者。

線性思維有幾種，比如「問題——原因——方案」。老中醫看病，一般都是先看病人一眼，接著在病人的肋骨之間按下去，問「痛不痛」；病人大叫一聲「痛」，老中醫這才開始說病因是什麼，病人認真的聽，並且努力理解；接下來，就算老中醫不說，病人也會問：「那該怎麼辦呢？」這就是普通人的思維線索。

如果老中醫上來就用樹狀結構講：人類有三十五大類疾病、成因有幾種、罹患每種疾病的機率是多少……話還沒講完，病人就睡著了。醫生是為了幫助病人理解，而不是只顧自己表達。

另外一種線性思維是「現象——原理——應用」。比如，我們觀察到，所有飲水機的熱水開關都在左邊，所有防火門都是向樓道裡推開等，這些都是現象。至於為什麼呢？就要展開講其中的原理了。懂得了原理，在設計手機應用程式的時候，就可以借用背後的原理了。

演講者可以把自己想像成導遊，導遊的目的是要把遊客從A點帶到B點，所以他必須懂得兩點之間的臺階路徑，確保遊客每踏上一級臺階，都有安全、完美的體驗，而不是導遊自己站在C點自說自話。

第二，無法否認的事實和無可辯駁的邏輯。

鋪設臺階，是個大學問。每一級臺階都要堅實（無法否認的事實），臺階與臺階之間必須相連（無可辯駁的邏輯）。

演講者說的每一個案例、每一個數字，都要經得起查證，這是整個演講的臺階。萬萬不可為了說明某個觀點而胡編亂造，這會讓聽眾踏上這級臺階的時候，轟然倒塌，摔向深淵。

更重要的是，每一個案例和結論之間，必須有嚴密的因果關係。只有這樣，聽眾才會心悅誠服的抬腳，從下一級臺階邁向上一級。否則，演講者就是生拉硬拽，聽眾也不會上去的。甚至，你多拽幾次，他還會很不滿意，感覺就像自己受到了侮辱。

無法否認的事實，尤其是無可辯駁的邏輯，是演講者的基本功，需要多年的修練。如果做不到這兩點，建議就不要急著登上講臺了。

第三，用幽默感，讓認知的路上滿是風景。

演講的過程就像一段路途，一路走下來會很辛苦。要不斷讓大家看到沿途美麗的風景，吃到可口的食物，才算是對大家精神和身體的獎勵。對於聽眾來說，演講的幽默感就是最好的獎勵，聽懂一個知識點、接受某個新觀點，都會收穫快樂。

需要澄清的是，幽默感不等於拿別人開玩笑，更不等於黃色笑話。幽默感來自於智慧，聽眾之所以會心一笑，是因為他感受到了智慧，接收了智慧。如果演講者真的要講段子，那就講自己的段子。說自己，叫自嘲；說別人，叫諷刺。幽默感，是有智慧的自嘲。

有了上述三點，聽眾就會一路歡聲笑語，輕輕鬆鬆走到終點。而演講者為了聽眾完美的聽講體驗，必須辛苦的設計認知臺階。你不是在講，而是在幫助他聽。

KEYPOINT

認知臺階

聽眾聽懂一個知識點、接受某個新觀點，有其自身的規律和邏輯。按照聽講邏輯，而不是演講邏輯，一步一步設計演講，引導聽眾到達演講者指引的方向，這就是鋪設「認知臺階」。鋪設基於聽講邏輯的認知臺階，有三個關鍵點：第一，按照人的思考線索，而不是知識的樹狀結構來演講；第二，無法否認的事實和無可辯駁的邏輯；第三，用幽默感，讓認知的路上滿是風景。

2

用畫面感增加語言的廣度——畫面感

聽眾從一場演講中獲得的資訊，百分之七來自語言，百分之三十八來自語調和聲音，百分之五十五來自肢體語言。試著增強語言的畫面感，給聽眾留下更深刻的印象。

有一輛賓利轎車很貴，售價八千八百八十八萬元。假如一個演講者希望聽眾知道這輛車很貴，他應該怎麼說呢？「真的非常貴」、「實在太貴，普通人買不起」？這些表達，都沒有辦法讓觀眾對於「貴」產生一個感性認識。或者，「夠在上海買一套房子」、「相當於四十個人的年薪」？這些表達好一些，已經能讓人有些感性認識了，但是還不夠。

我比較喜歡這樣的表達：這輛賓利轎車到底有多貴？一個農民，從商紂王還沒有出生的時候就開始工作，不吃不喝一直幹到社會主義初級階段，也許才能買得起一輛這樣的轎車。

這種表達，會讓聽眾經過小思考、小探索，自己產生「貴」的感覺，而不是演講者告訴聽眾「貴」這個結論。這種豁然開朗的感覺，甚至會讓聽眾情不自禁的驚呼。而這些，都來自演講者刻意營造的「畫面感」。

演講，是通過語言傳遞資訊的能力。但是，語言其實並不是最有效的傳遞資訊的工具。語言傳遞的資訊量，小於聲音；聲音傳遞的資訊量，小於畫面。所以，聽眾從一場演講中獲得的資訊，通常只有百分之七來自語言，百分之三十八來自語調和聲音，而剩下百分之五十五則來自肢體語言，即聽眾眼睛看到的畫面。

看到這裡，有的人心裡可能會想：啊？在一場演講中，我花最多時間準備的文字講稿，原來是最沒價值的啊？是的，這是因為人們都喜歡看，而不是聽你讀。

該怎麼辦呢？試著讓聽眾用眼睛看到你語言中的「布景」，讓他們用眼睛來「聽」演講。這就是所謂的「畫面感」。「一個農民，從商紂王還沒有出生的時候就開始工作，不吃不喝一直幹到社會主義初級階段」，這種表述之所以讓人印象深刻，就在於它像一段五秒鐘的短片，在很多人的腦海中浮現。

畫面感，可以極大的增加語言的廣度，把複雜的情緒編碼在簡單的文字中，傳遞給聽眾。

怎樣才能營造畫面感，然後用畫面感增加語言的廣度呢？我教大家幾個小技巧。

第一，具體到細節。

畫面感來自具體的、細節的布景。道具愈具體、愈細節，畫面感就愈強。比如，演講者想說「現在大家每天使用微信的時間都很長」，充滿畫面感的說法是：「你們中有多少人像我一樣：早上起床之後，先刷朋友圈，再刷牙？」起床、刷牙，這就有了具體的場景。

再比如，演講者想說「我希望黑人和白人地位平等」，充滿畫面感的說法是：「我夢想有一天，在喬治亞的紅山上，昔日奴隸的兒子能夠和昔日奴隸主的兒子坐在一起，共敘兄弟情誼。」喬治亞的紅山，就是關鍵的細節道具。

第二，善於用類比。

用一個具象的東西，來類比一個抽象的東西；用一個熟悉的東西，來類比一個不熟悉的東西。類比的關鍵，是善用「相當於」這個連詞。

比如，怎麼向大家說明《劉潤．5分鐘商學院》的價值呢？可以用具象的東西來類比，比如錢。充滿畫面感的說法是：「假如每人每小時的時間成本是一百元，每期《劉潤．5分鐘商學院》幫大家節省一小時瞎琢磨的時間，那麼十七萬學員、一年兩百六十期欄目，相當於幫大家節省了價值三十多億元人民幣的國民總時間。」

再比如，提到大家不熟悉的跨國公司頭銜時，可以說：「Corporate Vise President，就是集團副總裁，相當於中國的部級幹部。當然，投資公司裡 Vise President 的概念完全不一樣，可能只相當於正處級、副局級。」

第三，點睛用排比。

排比句可以為畫面感增加衝擊力。一個演講中，在關鍵時刻使用兩三次排比句，能夠給聽眾留下極其深刻的印象。

比如，「我夢想有一天，在喬治亞的紅山上，昔日奴隸的兒子能夠和昔日奴隸主的兒子坐在一起，共敘兄弟情誼；我夢想有一天，甚至連密西西比州這個正義匿跡、壓迫成風，如同沙漠般的地方，也將變成自由和正義的綠洲；我夢想有一天，我的四個孩子將在一個不是以他們的膚色，而是以他們的品格優劣來評判他們的國度裡生活。」

排比句是一盤大菜，就像紅燒蹄膀，要用，但是也不能多用，否則聽眾會覺得口味太重。

KEYPOINT

畫面感

畫面感，就是通過語言營造「布景」，讓聽眾用眼睛來「聽」演講。畫面感可以極大的增加語言的廣度，把複雜的情緒編碼在簡單的文字中，傳遞給聽眾。怎麼增強演講中語言的畫面感？有三個小技巧：具體到細節，善於用類比，點睛用排比。

3 精采絕倫的開場和餘音繞梁的結尾——開場與結尾

演講需要長期訓練，但一個精采絕倫的開場，可以幫你拿到預判分；一個餘音繞梁的結尾，可以幫你拿到附加分。

有位朋友問我：「我知道演講能力需要長期訓練，但是有沒有什麼快速提高的方法，讓我能先摘到『低垂的果實』，再慢慢爬樹，不斷精進呢？」我建議他先學習開場和結尾。一個精采絕倫的開場，可以幫演講者拿到預判分；一個餘音繞梁的結尾，可以幫演講者拿到附加分。

有一次，我受泉州商會的邀請，到廈門給企業家們做一場關於「企業轉型」的演講。演講前一天，強颱風莫蘭蒂正好重創了廈門。我上臺後說：「莫蘭蒂颱風肆虐廈門，三十五萬株大樹被吹倒。今天的經濟環境就像這場颱風，我們為救災感動，但我們最終要研究的是那些沒倒下去的樹。倒下去的企業，是迎不來春天的。」大家頻頻點頭，開始放下手機，認真聽我的演講。

這就是開場。**一個精采的開場，必須幫助演講者聚攏注意力，激起好奇心**。當然，如果你是明星大腕，自帶注意力和好奇心，那我恭喜你，你說什麼都是對的。但如果不是，可以試試下面幾個方法。

第一，提問。

「這個世界上，到底有沒有長生不老的生物？」當聽眾的注意力和好奇心被吸引之後，演講者可以投影一張「燈塔水母」的圖片，自問自答：「科學家宣布，他們發現了可能是唯一一種，只要不被吃掉，就不會死掉的生物——燈塔水母。為什麼牠們能長生不老？牠們做對了什麼？對企業經營有什麼啟發？下面，我與大家分享……」提問，製造懸疑，是開場最重要的技巧之一。

第二，幽默。

台灣著名作家李敖到北京大學演講，是這麼開場的：「我最害怕四種人：一種是根本不來聽演講的，一種是聽了一半去廁所的，一種是去了廁所永遠不回來的，一種是聽演講不鼓掌的。」大家哄堂大笑，滿堂鼓掌。

單純的幽默，也許不能激發聽眾對後面內容的好奇心，但是可以有效聚攏注意力。

有些演講場地有環形劇場、階梯座椅和聚光燈，天然能聚攏注意力。但有些演講場地，比如教室、普通會議室，不聚氣，就需要演講者自己想辦法了。幽默，通常都是非常有效的工具。可以準備三、五個自嘲的橋段，然後在不同場合選擇使用。

第三，關聯。

我在廈門演講時，用莫蘭蒂颱風開場，切入演講主題，就是「關聯」——與聽眾身邊最具體的事關聯。關聯，會讓聽眾有一種強烈的代入感，從而獲得他們的注意力。

魯迅曾到中山中學演講，開篇就說：「你們的學校名叫中山中學。孫中山先生致力於國民革命四十年，建立了中華民國。但是，現在軍閥跋扈，民生凋敝，只有民國的名目，沒有民國的實際。」這也是關聯。演講之前，認真思考，找到聽眾和主題之間的一個強關聯，發人深思，或者引人開懷大笑。

第四，開門見山。

演講者往舞臺中央一站，所有人鴉雀無聲，漆黑中只有一束光打下來。這時，應該說什麼？「感謝組委會的邀請，感謝大家的光臨，我非常榮幸……」這麼開場，一口真氣立刻就散掉了。如果現場注意力已經高度集中，那麼最好的策略就是開門見山：「人工智慧真的會在未來五到十年，改變整個世界嗎？我不這麼認為。我們看一組數據……」

演講，是一項關於注意力和好奇心的藝術。用以上四種方法開場，迅速抓住聽眾的注意力，拿到預判分，就算後面講得一般，也不會差到哪裡去。

那麼，怎麼結尾呢？

演講快結束了，演講者畫龍點睛的回顧幾個要點。接下來呢？「今天我就講到這裡，謝謝大家」嗎？這樣的結束，不能算差，但是遠不能算好。一個好的結尾，應該是整場演講的最強音，在聽眾心中嗡嗡嗡的繞梁三日。

馬雲的演講被很多人頂禮膜拜。他有一個非常重要的技巧——金句結尾法。「今天很殘酷，明天更殘酷，後天很美好。但絕大部分人，死在明天晚上。」說完之後大踏步走下講臺。聽眾當場就被怔住了，反應過來，才趕緊掏出小本子記下來。

金句最大的作用，就是醍醐灌頂，且好記，會得到很多附加分。如果自己寫不出金句，可以借用別人的話。比如，我常常用這句話結尾：「張瑞敏曾經說過，沒有成功的企業，只有時代的企業。所有企業的成功，都是因為踏對了時代的節拍。我祝願所有的企業家，都能踏對這個新時代的節拍，成就你們新的輝煌！」

最後提醒大家，精采絕倫的開場和餘音繞梁的結尾，終究不能替代演講的內容。摘完「低垂的果實」之後，還是要刻意練習，不斷精進。

KEYPOINT

開場與結尾

一個精采絕倫的開場，可以幫演講者拿到預判分；一個餘音繞梁的結尾，可以幫演講者拿到附加分。有了預判分和附加分，及格估計就沒什麼大問題了。具體怎麼做？第一，開場時，要善用四個技巧：提問、幽默、關聯和開門見山；第二，結尾時，可以嘗試金句結尾法。

4 現場組織語言能力就像廚藝——脫稿演講

好吃的飯菜，一定是現做的。別用朗讀和背誦，掩蓋現場組織語言能力的不足。不要怕出醜，所有前期的出醜，都是為了後期的優秀。

老和尚教小和尚剃頭。小和尚很聰明，學得很快，但是他有個壞習慣：每次練習完後，會習慣性的把剃刀隨手插在冬瓜上。結果有一次，小和尚給真人剃頭，一不小心就釀出慘劇了。

這個世界上，有些看似不足掛齒的好習慣，一旦養成，受益終生。也有一些看似無傷大雅的壞習慣，一旦養成，禍害終生。那麼演講中，有沒有什麼壞習慣呢？大家可能遇見過這樣的演講：演講者緩緩上臺，從西裝口袋裡掏出幾頁講稿，然後開始朗讀，「尊敬的領導，尊敬的來賓，尊敬的女士們、先生們……」他就這麼一直低著頭念稿，完全不顧臺下的聽眾。百無聊賴的聽眾要麼低頭玩手機，要麼早就神遊萬里之外了。

朗誦式演講，是演講中最典型的壞習慣之一，因為它不僅讓現場聽眾感覺索然無趣，更重要的是，一旦成為習慣，就會讓演講者失去真正的演講能力——現場組織語言的能力。

朗誦式演講者，如果被邀請做即興演講，他可能會說：「沒想到今天會讓我上來講，沒做什麼準備。那就講兩點吧，第一點是……第二點是……」講完之後，發現自己還有東西想講，於是接著說：「……這是一點。下面來說說第二點……」強迫症患者可能當場就要崩潰了：這不是第三點嗎？難道他要不斷的「第一點」、「第二點」下去嗎？

朗誦和演講，最大的區別在於：朗誦，本質上就是把演講中現場組織語言的工作提前完成了。這就像航空公司提前做好的飛機餐，起飛後加熱一下，給旅客端上來。不論怎麼吹噓「營養衛生」、「搭配健康」，可能都比不上家門口小飯館裡最便宜的酸辣馬鈴薯絲。

怎麼改掉朗誦式演講的壞習慣呢？

第一，用投影片代替講稿。

這樣可以讓演講者專注於演講邏輯，而不是具體的文字。邏輯和素材可以提前準備，文字必須現場組織，這就像食譜和材料可以提前準備，但是必須現炒現吃。現場組織語言的能力，就是你的廚藝。

有了邏輯和素材，如果還是擔心自己現場會忘了細節，可以把更多的提示寫在投影片每頁的「備註」裡，然後用「隱藏投影片」雙視窗顯示。這樣，聽眾只能看到投影片，但演講者還可以看到備註提示。

第二，用手卡代替投影片。

任何一場優秀的演講，都來自精心的準備：邏輯、素材和大量的練習。經過大量的練習，各種案例都用不同的方法講述了幾十遍，各種數字已經了然於胸，各種邏輯關係即使顛來倒去也不會錯亂。這時候，就可以嘗試一種更高級的演講工具──手卡了。

手卡，是主持人常用的一種提詞工具。可以在一些小卡片上寫好演講的核心邏輯、關鍵數據、主要案例、重磅金句、備用附錄等，再按照演講順序放好，然後就可以上臺演講了。

用投影片演講，不能一邊講，一邊刪掉或增加投影片，或者調整投影片的順序。但手卡可以。手卡是邁向真正脫稿演講的一大步。手卡有很多形態，比如，美國總統常用的讀稿機，就是一種特殊的手卡。馬雲演講時，手裡常常拿著一個飯店的信紙夾板，這也是一種特殊的手卡。

第三，用脫稿代替手卡。

脫稿演講不是背誦。背誦式演講，比朗誦式演講更壞。朗誦式演講時，至少不用擔心說錯，所以演講者還心有餘力關注自己的語調。而背誦式演講，幾乎所有心力都用在了回憶上，活生生把演講變成了記憶比賽。這種方法也許可以幫你應付一兩場演講，但是會妨礙你成為真正優秀的演講者。

永遠不要背稿。當你需要背誦的時候，恰恰說明準備還不充分。脫稿演講，是在充分練習的基礎上，把投影片或手卡上的核心邏輯寫在心裡面。當手卡愈來愈少的時候，你離脫稿演講就愈來愈近了。

KEYPOINT

脫稿演講

朗誦式演講、背誦式演講，本質都是把現場組織語言的工作提前完成了。要成為真正優秀的演講者，就要改掉這兩個壞習慣。從讀稿到投影片，從投影片到手卡，從手卡到脫稿。脫稿，不是背誦，是胸有成竹的現場創作。

5 從對著鏡子到對著活人——演講俱樂部

演講是一種跨層級、大功率、穿透人心的廣播式溝通工具，現在和未來的執行長們都應該學習。找二十個朋友成立演講俱樂部是個好方法。

在一些大型跨國企業中，愈高級的領導者，愈擅長演講。幾乎所有跨國企業的執行長，都是演講家。美國總統競選，簡直就是一場演講比賽。為什麼會這樣？組織，就是資訊流動的方式。組織架構，必然導致資訊傳遞的延遲和損耗，所以，執行長們特別需要一種跨層級、大功率、穿透人心的廣播式溝通工具，這就是演講。

每一個執行長，或者有志於成為執行長的人，必須練好演講。怎麼練呢？可以試著成立一個互助式「演講俱樂部」：找二十個朋友，每週聚一次，每次四個人講，每人講十五分鐘，彼此點評，共同進步。

演講俱樂部，是一個允許試錯、不斷糾正的地方。利用這種形式，可以著重練習下面四個演講技巧。

第一，克服緊張。

被幾十雙眼睛緊緊盯著，很多初學者一下子就緊張了。克服緊張之道，在於充分準備。「充分」的標準是：準備演講素材的時間兩倍於演講時間。這和「流動資金兩倍於流動負債」是一個道理。

很多人一上臺，從「對著鏡子」模式，一下子切換到「對著活人」模式，腦中一片空白。克服這種緊張，試著在上臺之前反覆練習演講的前三句話。這三句話會把你從頭腦空白中拉出來，進入準備好的演講邏輯中。

還有的人在演講時，往往覺得兩隻手沒地方放，恨不得剁掉。這是因為他的注意力聚焦在自己身上，一直在想「我會不會出醜啊」。克服這種緊張，試著把注意力轉移到聽眾身上，心想「我一定要讓聽眾有收穫」，就會忘掉自己的雙手。如果實在忘不掉，拿個簡報筆或者麥克風慢慢練習。

第二，情緒互動。

首先，不要坐著演講，這會嚴重妨礙互動；也不要站在講臺後面講，走出來。

其次，練習看聽眾的眼睛，如果害怕，先看頭頂；不要盯著最漂亮的聽眾看，要

「雨露均霑」。再次，善用停頓，這會使滑手機的聽眾抬起頭來，看看發生了什麼。也可以用優雅的喝水代替停頓。最後，說話要抑揚頓挫，比如，「到——底發生了什麼」，這個「到」字拖三個音長、兩個轉折。

練習完後，可以問聽眾：「有多少人看到我對他單獨微笑了？」如果沒超過百分之八十，還需要繼續練習。

第三，提問回答。

演講俱樂部的成員可以故意製造一些「麻煩」。比如，一位聽眾舉手提問：「老師，關於這一點，我有一個問題……」這時，演講者應該怎麼回答？「嗯，這是一個好問題。」記住：**這世界上，沒有壞問題，只有壞答案**。演講者可以自己回答這個問題，也可以問其他聽眾：「某某學員，你怎麼看這個問題？」讓學員討論，然後提煉觀點。

要是聽眾舉手提問：「老師，關於這一點，我有不同看法……」該怎麼辦？千萬不要紅著臉說：「我不同意，你是錯的。」這樣會把演講變成辯論會。演講者心裡一定要清楚：自己講的是觀點，不是真理。所以，可以回答：「嗯，這是一個很有趣的角度。我是這麼看的……我很願意繼續傾聽你的觀點，休息的時候你來找我，可以嗎？」總之，不能擺出一副「我就是絕對真理」的姿態，用「你們給我聽好」的語氣來演講。李善友教授在每次演講結束時，幾乎都會說一句：「我今天說的，都是錯的。」是同一個道理。

第四，講好故事。

你讀過阿嘉莎・克莉斯蒂（Dame Agatha Mary Clarissa Christie）或者柯南・道爾（Sir Arthur Ignatius Conan Doyle）的偵探小說嗎？當你屏住呼吸，心懸一線，讀完整本小說，真相大白，大呼過癮之後，再回想整個故事，會不會覺得：「這其實是多麼平淡無奇的一個故事啊！不就是一個人一怒之下殺了另一個人嗎？」偵探小說之所以誘人，關鍵不在於故事，而在於講述故事的方式。

講好故事，是演講抓住人心的關鍵；而懸念，是講好故事的核心。

該怎麼練習呢？除了在演講俱樂部反覆訓練，也可以試著這麼跟女朋友說話──問她：「木頭做的門，叫什麼門？」她回答：「木門。」接著問：「鐵做的門，叫什麼門？」她回答：「鐵門。」最後問：「通往幸福之門，叫什麼門？」趁她一臉茫然的時候，自問自答：「我們。」這就是懸念。

KEYPOINT

演講俱樂部

演講是一種跨層級、大功率、穿透人心的廣播式溝通工具。每個執行長，都應該學習演講。怎麼練習呢？找二十個朋友，成立一個「演講俱樂部」，每週聚一次，每次四個人講，每人講十五分鐘，彼此點評，共同進步。在演講俱樂部，可以反覆練習四個技巧：克服緊張、情緒互動、提問回答和講好故事。

筆記時間

第九章

溝通能力

好消息和壞消息，先聽哪一個——**快樂和痛苦四原則**

如何寫出一篇好的專欄文章——**「五商派」寫作心法**

大Why、小What和一帶而過的How——**三十秒電梯理論**

開會，是用時間換結論的商業模式——**如何開會**

提問，是溝通界的C2B——**精準提問**

1 好消息和壞消息，先聽哪一個——快樂和痛苦四原則

與人溝通有個有趣的策略：好消息要分開說；壞消息要一起說；大的壞消息和小的好消息分別說；大的好消息和小的壞消息一起說。

如果說演講是一個人影響一群人的能力，那麼溝通就是一個人影響另一個人的能力。**演講需要關注群體心理，而溝通更需要關注個體心理。**

「我有一個好消息、一個壞消息，你想先聽哪一個？」很多人被問到這個問題時，通常都會說：「那就先聽壞消息吧。」為什麼會這樣？

在《5分鐘商學院．商業篇》我們講過「損失趨避」，得到一百元所帶來的快樂，無法彌補失去一百元所產生的痛苦。也就是說，壞消息的殺傷力，天生就比好消息大。所以，就先說壞消息，再說好消息吧！在「時近效應」中，我們知道，最後的印象最強烈，甚至能沖淡之前的各種印象。把好消息放在後面說，會因為時近效應的放大效果，對沖掉一部分前面天生強烈的壞消息。這樣，聽者的感覺就不會

那麼差了。

簡單的說，在「好消息和壞消息，先聽哪一個」的問題背後，有著複雜的損失趨避、時近效應等個體溝通心理的因素。基於個體溝通心理，有一個有趣的溝通策略——快樂和痛苦四原則。

第一，多個好消息要分開發布。

是一次撿到八十元開心，還是走兩步撿到十元，再走兩步撿到二十元，再走兩步撿到五十元開心？多數人是分開撿更開心。

當主管有一個好消息要告訴員工時，應該這麼說：「某某，告訴你一個天大的好消息，你的提案得到了公司的高度認可，高層都對你讚不絕口……」員工一聽，面露喜悅：「啊？真的嗎？」這時領導接著說：「是啊！公司一定會給與物質獎勵的，領導層決定給你安排一次免費旅遊，讓你好好休息一下……」員工更高興了：「啊？居然還有免費旅遊？」「峇里島和普吉島，你自己選一個吧！」主管拍拍員工的肩膀說，「好好幹，繼續加油。」然後轉身走了。最關鍵的是，主管走出幾步，要突然折回來，補充道：「哦，對了，這次是雙人遊哦！」——這就是賈伯斯經典的「one more thing」（還有一件事）時刻了，估計員工這個時候會幸福得暈過去。

對比一下，如果主管一開始就說：「公司決定獎勵你兩張東南亞往返機票和三晚飯店住宿，感謝你的努力工作。」員工的反應會有差別嗎？

第二，多個壞消息要一起發布。

房產仲介應該如何向客戶介紹一套房子？他應該說：「這套房子不朝南，結構有些不方正，走廊面積浪費，小區的綠化還算不錯，但是產權費比較高，還有就是周邊社區不是很成熟……」

看到這裡，有的人可能會質疑：這麼說怎麼能賣出房子啊？這套房子的缺點，客戶遲早會問。既然一定會被問到，還不如一開始就集中的說完，然後接下來的所有討論，都會給房子加分。如果仲介像擠牙膏一樣，客戶問朝向，他說：「不太好，朝北的。」客戶心裡會咯噔一下；再問結構，也只能回答：「不太好，不方正」……這麼下來，客戶心裡會咯噔四、五下，在他心中，這套房子簡直就一無是處了。

溝通時，多個壞消息一起發布，會明顯減輕對方的痛感。

第三，一個大的壞消息和一個小的好消息，要分別發布。

比如，專案做失敗了，怎麼和老闆溝通？「老闆，專案失敗了，我願意代表團隊承擔責任。但整個團隊深刻的吸取了教訓，至少知道了哪些是死路，這些都是非常寶貴的財富。」

再比如，在A項目上賠了一千萬元，在B項目上賺了一百萬元。不要說：「總的來說，我們賠了九百萬元。」要分開說：「很遺憾，我們在A項目上賠了一千萬元，但是在B項目上賺回了一百萬元！」

這就是「一個大的壞消息」和「一個小的好消息」，要分別發布。記住，仍然要先說壞的，再說好的。沒有好的怎麼辦？使勁找一找，總能找出好的。

第四，一個大的好消息和一個小的壞消息，要一起發布。

假如反過來，在A項目上賺了一千萬元，在B項目上賠了一百萬元。不要說：「很遺憾，我們在A項目上賺了一千萬元，但是在B項目上賠了一百萬元！」要一起說：「總的來說，我們賺了九百萬元。」

這就是「一個大的好消息」和「一個小的壞消息」，要一起發布。瑕不掩瑜，別讓小的壞消息破壞了大家的心情。

KEYPOINT

快樂和痛苦四原則

基於個體溝通心理，有一個有趣的溝通策略——快樂和痛苦四原則。簡單來說，就是：第一，好消息要分開說；第二，壞消息要一起說；第三，小好大壞分開說；第四，大好小壞一起說。

2 如何寫出一篇好的專欄文章——「五商派」寫作心法

寫作時要盡量提供How（怎麼做）的價值感，要把文字切割到讓對方醍醐灌頂式的理解，想像對面坐著讀者，時刻關注對方怎麼看。

和演講幾乎同等重要的另一種跨層級、大功率、穿透人心的廣播式溝通工具，是寫作。如果說演講是一種同步的、情感豐富的溝通工具，那麼寫作就是一種異步的、無損傳播的溝通工具。演講，在現場時影響更深；寫作，在時空上影響更遠。這兩種神功，兩種「大規模殺傷性武器」，都是一個人施展自身影響力最重要的載體。

應該怎麼練習寫作呢？寫作作為一種「武功」，門派林立。在這裡，我以專欄寫作為例，講述「五商派」寫作能力的三大心法：價值感、結構感和對象感。

第一，價值感。

我把專欄文章分為三類：What（是什麼），Why（為什麼），How（怎麼做）。

寫What類專欄相對容易，比如解釋一個概念：什麼是「沉沒成本」；寫Why

類專欄要難一些，需要聯繫動機：我為什麼要理解沉沒成本；寫 How 類專欄最難，要和實際應用掛鉤：我怎麼做才能利用沉沒成本，並因此獲益。

Why，比 What 有價值感；How，比 Why 有價值感。寫作之前，作者要想清楚：是打算讓讀者帶著 What 離開，還是帶著 Why 或者 How 離開？有沒有打算付出數倍的努力，硬逼自己，提供最難的 How 的價值？

第二，結構感。

一個不克制自己表達欲的人，寫不好專欄。為什麼？因為**寫作的內核，是關注對方怎麼看，而不是自己怎麼寫**。優秀的文章，是讀者的盛宴，而不是作者表達欲的滿足。願意壓制自己痛快淋漓的表達，用「結構感」這把手術刀，把文字切割到能讓讀者獲得醍醐灌頂式的理解，才是好作者。

我以《劉潤．5分鐘商學院》這個專欄為例，講解如何在短短五分鐘內使用「起承轉合五步法」的寫作結構。

第一步，場景導入。我幾乎不會用劉備、歐巴馬這類人物開場，因為離讀者太遠。我會這麼開場：最近工作愈來愈吃力，想退卻，但是孩子在讀學費高昂的國際學校；店裡的衣服已經很便宜了，可客戶還是嫌貴不肯買……發生在讀者身邊的事，最容易有代入感，這就是場景導入。通過場景導入，請求讀者再給我三十秒，繼續讀下去。

第二步，打破認知。在這個場景下，應該怎麼辦？這麼做嗎？不對；那麼做嗎？也不對。都不對，就是打破認知，讓讀者產生強烈的好奇：哦？那到底怎麼做才對呢？這時，讀者或許會再慷慨的賜予我兩分鐘：「那聽你說說看吧。」

第三步，核心邏輯。終於要講核心邏輯了，但是，光講道理，讀者不愛看，要用一個極具說服力的案例帶出邏輯。比如，我會先講「二戰」時盟軍和德軍的故事，最後提煉：「這就是倖存者偏差。」一定要寓教於樂，伺候讀者，讓他「龍顏大悅」：「太享受了，並且你說得很對。那我再給你兩分鐘，讓你接著說。」

第四步，舉一反三。不知不覺，已經把 What 和 Why 講完了，接下來要講最難但最有用的 How。「應該如何避免倖存者偏差？」列出一、二、三。「應該如何利用倖存者偏差呢？」也列出一、二、三。這樣，讀者就能夠帶著巨大的價值離開了。

第五步，回顧總結。讀者看了五分鐘，太辛苦了。這時，作者要再用三十秒，回顧總結一下要點。努力用一兩句話，把所有要點說清楚，重新強化概念，提煉金句，幫助讀者把概念存放到大腦中最合適的地方。做個掛鐘是不夠的，把掛鐘的結構塞進懷錶裡，才是對讀者的尊重。

第三，對象感。

寫作相對於演講，損失了現場感。為了還原現場感、傳遞情緒，作者要掌握一個重要的心法：對象感。想像自己不是對著電腦，而是在與每一個讀者面對面的交談。

具體怎麼做呢？要是你注意過《劉潤．5分鐘商學院》的用詞，就會發現很多這樣的表述：「你有沒有遇到過這樣的問題……」、「我想請問你……」是的，我會克制用「大家」這個詞，而是盡量用「你」，以營造對象感。

除了用「你」之外，用詞還需要適當口語化。比如，「好了，今天我們就講到這裡」。這個「好了」，就是口語化表達，會讓讀者覺得這是在和他交談，而不是對著鏡子演講。這就是對象感。演員對著鏡頭表演時，想像自己正對著觀眾，是一個道理。

在這裡，我們談寫作，不是為了成為文學巨匠，而是為了準確傳遞資訊，並獲得最大程度的接受。

KEYPOINT

「五商派」寫作心法

作為一種商業溝通的工具，寫作有很多門派。「五商派」的三大寫作心法是：價值感、結構感和對象感。用價值感要求自己，用結構感切割文字，用對象感伺候讀者，才是好的「五商派」作者。

3 大Why、小What和一帶而過的How——三十秒電梯理論

有意識的訓練在三十秒內清晰準確的講明白自己的觀點，不僅因為對方的時間總是有限，也能測試你是否真的理解自己在做的事情。

一個業務員去客戶公司拜訪銷售部經理，在電梯裡，他碰巧遇到了客戶公司的總經理。於是，業務員主動打招呼：「張總好，我是某某公司的小李，又見面了。」總經理禮貌性的回了一句：「你好，今天你來做什麼啊？」該怎麼回答？直接說「我來找銷售部的王經理」嗎？要是這樣的話，結果只能是：總經理「哦」了一聲，然後雙方沉默三十秒，等電梯到了，各走各的路。

業務員小李可能沒意識到，自己剛才浪費了這幾個月以來最重要的三十秒。為什麼？因為他接下來要和銷售部的王經理溝通兩三個小時，然後王經理會再花三十秒，向張總匯報。而剛才就有三十秒直接向張總匯報的機會，他卻把它浪費掉了。

那要怎麼做呢？應該充分利用這三十秒，有策略的進行溝通，讓張總聽完後忍

不住說：「你剛才說的有點意思，我給你十分鐘，來我辦公室坐坐。」

這就是麥肯錫著名的「三十秒電梯理論」：在乘電梯的三十秒內，清晰準確的向對方講明白自己的觀點。三十秒電梯理論，是一種極具價值的溝通訓練，不僅因為對方的時間有限，更重要的是，它也在測試：你是否真的理解自己在做的事情，能想得非常明白，講得極其清楚？風險投資機構CTR的羅傑．布瓦斯韋特說：「在進行商業匯報時，尤其就我本人而言，如果不能通過電梯測試，就不應與任何人討論。」

回到最開始的案例。小李也許可以說：「張總，我來向銷售部王經理匯報我們的一項研究。我們通過數據分析發現，如果按照購買者的七個標籤分類來重組銷售漏斗，六個月之內，銷售業績最多可以提高百分之五十。我們已經把這些標籤更新到CRM（Customer Relationship Management，客戶關係管理）系統中了。我把三個用新系統提升銷售轉化率的經驗整理了一下，來向王經理匯報。」你猜，小李說完這段話，張總有沒有更大的可能性會請他到辦公室詳細談談呢？

有人認為，三十秒的時間太短，所謂「三十秒電梯理論」，都是客戶、投資人等「甲方」強人所難的要求。但其實，三十秒一點都不短。一支好的電視廣告必須只用十五秒，就要使消費者產生強烈的購買慾望。三十秒，足夠播放兩支廣告了。

之所以覺得三十秒短，是因為沒有理解：這三十秒到底應該溝通什麼。其實就是一個詞：Why。**一個結構化的溝通，無外乎講三件事：Why、What和How。**專欄寫作的祕訣在於努力回答「How」的問題，而三十秒電梯理論的祕訣，則在於用三十秒努力回答「Why」的問題：給我一個極其充分的理由，讓我願意再多給你十分鐘，詳細聊聊「What」和「How」。

再來看小李的回答：六個月之內銷售業績提高百分之五十，這是一個大大的Why；購買新版的CRM系統，是一個小小的What；三個用新系統提升銷售轉化率的經驗，只是一帶而過，但如果你有十分鐘，我們可以再聊聊這個How。

再舉個例子，投資人常說：「請用一句話，講清楚你的商業模式。」很多創業者一聽到這句話就憤怒了：我沒日沒夜的幹了這麼多年，豈是一兩句話就能講清楚的？別急，試試打出「Why」這張王牌——「摩根大通每年購買十幾萬小時的文書律師服務，審核貸款合約。我們的人工智慧律師進化了三年多，擁有和律師一樣的判斷力，並把十幾萬小時的審核時間縮短到幾秒。如果能推廣到全球的銀行，將節省不可估量的費用，我們也必將從中獲得巨大收益」。

把十幾萬小時的文書律師服務時間縮短到幾秒，這是一個大大的Why；人工智慧律師，是一個小小的 What；進化了三年多，只是一帶而過，但如果你有十分鐘，我們可以接著聊聊這個 How。

怎麼練習，才能擁有這種高超的溝通能力呢？其實，網路給了我們一個比乘電梯更好的方法——發微博。普通人的語速大約每分鐘一六〇至一八〇個字，主持人大約二五〇至三百個字，而一條微博只有一百四十個字，如果讀出來，差不多正好三十秒。所以，可以經常發微博，用一百四十個字講清楚大 Why、小 What 和一帶而過的 How。

KEYPOINT

三十秒電梯理論

三十秒電梯理論，就是在乘電梯的三十秒內，清晰準確的向對方講明白自己的觀點。這是一種極具價值的溝通訓練，不僅因為對方的時間有限，更重要的是，它也在測試：你是否真的理解自己在做的事情，能想得非常明白，講得極其清楚？用三十秒表述觀點，可以通過大Why、小What和一帶而過的How。

4 開會，是用時間換結論的商業模式——如何開會

開會，是一個用時間換結論的商業模式。一個有效的高價值的會議，要想辦法增加結論價值，減少時間成本。

作為一種溝通方式，「開會」跟演講、寫作相比，給人的印象卻不怎麼好。網絡上有鋪天蓋地的「開會指南」，但為什麼看了很多，卻依然開不好一個會呢？

每當遇到方法論層面的困惑，我的習慣是回到這件事的底層邏輯，尋求「第一性原理」。理解到底什麼叫開會（What），為什麼要開會（Why），然後再去思考怎麼才能開好會（How）。

那到底什麼叫開會？召開員工大會，是開會嗎？一群人開展腦力激盪，是開會嗎？向領導匯報工作、銷售團隊每天早上的晨會、大領導組織的部門協調會、和員工的定期溝通呢？開會的本質是一個商業模式，和一切商業活動一樣，是一個有投入、有產出的經濟學遊戲。**開會的投入，是所有與會者的時間成本；開會的產出，**

是一組結論，比如所有人的共識，或者與會者的共創。開會，是一個用時間換結論的商業模式。

為什麼要開會？為了賺錢！用有效的會議，創造出比時間成本更大的結論價值。會議價值＝結論價值－時間成本。

理解了What——什麼叫開會，和Why——為什麼要開會之後，剩下的How——怎麼開會，就變得自然而然了：增加結論價值，減小時間成本。

第一，增加結論價值。

開會的第一個結論價值，是共識。領導想統一所有人的思想，這叫員工大會；幾個部門在一起各自報告工作進展，這叫跨部門會議；每天早上溝通當天的價格政策，這叫晨會。這些會議都是為了達成共識。

增加「共識會」的結論價值，方法是：能不開就不開。開會是一個成本極高的同步溝通方式。試試看，能不能用異步溝通方式，比如郵件、簡訊、微信等達成共識？如果可以，用異步溝通取代開會。

開會的第二個結論價值，是共創。一起研究客戶方案應該怎麼做，這叫研討會；公司高階主管閉門幾天討論明年規畫，這叫策略會；技術部、市場部激烈碰撞，發散思考下個產品應該如何設計，這叫腦力激盪會。這些會議都是為了促成共創。

增加「共創會」的結論價值，方法是：用專業的方法開會。比如，KJ法（由日本川喜田二郎提出的一種質量管理工具）、六頂思考帽、羅伯特議事規則等，而不是大家坐在一起開聊。前面我們已經介紹過六頂思考帽，在《5分鐘商學院．工具篇》中，會講到羅伯特議事規則。

此外，不管是共識會，還是共創會，有一個共同的原則：跟進。

會議之前，要充分準備達成結論的資料；會議之中，以達成結論為導向，專注議題、分配時間；會議之後，發出「3W會議紀要」——Who do What by When（誰在什麼時間完成了什麼事）。

第二，減小時間成本。

會議時間成本＝每人時間成本×參會人數×會議時間

假如，公司員工的時間成本大約是一百元／小時，聚集二十人開一個兩小時的會，那麼會議的時間成本就是四千元（一百元×二十人×兩小時）。如果公司以出售手機為主營業務，賣一部手機的利潤是四十元，也就是說，公司要多賣一百隻手機，才能賺到足夠的錢，才開得起這個會議。

很可怕！但更可怕的是，公司每花一分錢，都需要財務部簽字，而隨便誰召集一個小會，四千元的時間成本就花出去了，卻沒有人心疼。美國人每天要開一千一百萬次會議，每年會議的時間成本高達三百七十億美元，都不需要財務部簽字。

怎麼減少時間成本呢？

限制參會人數。Facebook有一條會議規則：開會時只能訂一盒比薩；蘋果拒絕無關者參會；谷歌堅持會議人數不要超過八個人。這其實都是通過限制參會人數的方法，減小時間成本。

縮短會議時間。亞馬遜（Amazon）召開會議之前，文檔資料要先讀完，不在會上宣講；柳傳志規定，聯想的會議不准遲到，誰遲到誰罰站一分鐘；王健林開會講話，時長誤差不超過五分鐘。這其實都是通過縮短會議時間的方法，減少時間成本。

除此之外，還有一些辦法，比如給會議室訂價、只允許站著開會、開遠程會議、在微信群裡開會等，都是減少時間成本的好辦法。

KEYPOINT

開會

開會，依然是一種必不可少的溝通工具。開會的本質，是一個用時間換結論的商業模式。有人之所以不喜歡開會，是因為在這個商業模式中，常常虧得血本無歸。應該怎麼做？第一，增加結論價值：盡量少開共識會，用科學的方法開共創會；第二，減小時間成本：限制參會人數，縮短會議時間。

5 提問，是溝通界的C2B——精準提問

提出一個問題，往往比解決一個問題更重要。學會結構化的精準提問，整個溝通效率都會顯著提升。

我接受過很多溝通能力訓練，其中最嚴苛的一種，要屬「精確的提問」了。練習者被要求針對隨便一句話，必須一口氣問出七十個問題。

舉個例子，對方說：「電腦市場不景氣。」我會怎麼精確的提問呢？

「你說的電腦指的是什麼？Windows、Mac，還是Linux？桌面電腦、筆記本，還是主機？包含廣義的電腦設備嗎，比如行動設備、遊戲機、汽車導航等？……」

大部分的溝通，比如演講、寫作等，都是講者發起、聽者接受，由講者邏輯主導的B2C（Bussiness to Customer，即「商對客」）式溝通。在B2C的溝通模式下，如果講者邏輯混亂，整個溝通的效率就會很差。

而提問，是一種聽者發起、講者回答，由聽者邏輯主導的C2B（Customer to

Bussiness，即「客對商」）式反向溝通。如果聽者邏輯清晰，能精確的提問，**一問一答，再一問一答，如此往復，就算講者的邏輯再差，整個溝通的效率也會顯著提升**。所以，提問是溝通界的C2B。

怎樣才能提出精確的問題呢？

回到最開始的案例。對於「電腦市場不景氣」這個陳述，我的那些問題不是隨口問的，它們屬於「澄清性問題」。澄清性問題，只是「精確的提問」這個寶藏式的題庫中，層層遞進的七個「問題抽屜」之一。下面，讓我把這七個問題抽屜一一打開。

抽屜一：繼續／中止性問題。

「這是不是我們現在要討論的問題？誰關心這個問題？討論的目的是什麼？你或我是否需要參加這個討論？還有誰需要參加這個討論？討論的重點是什麼？」

這個抽屜裡的問題，其實都是在問：我們是否需要討論這個問題？

抽屜二：澄清性問題。

「某某是指什麼？是指____，還是指____？時間、地點、多久一次、什麼比例、什麼範圍？舉個例子，比如____？你是不是在說____？」

這個抽屜裡的問題，其實都是在問：你的意思是什麼？

抽屜三：假設性問題。

「前提假設是什麼？你把什麼當成必然的了？這是否存在？是不是唯一的？這是好事，還是壞事？」

這個抽屜裡的問題，其實都是在問：你的前提假設是什麼？

抽屜四：質疑性問題。

「你怎麼知道的？你從哪裡聽說的？此人的可信度如何？是否有數據支持？數據是否可靠？有哪些選項？在什麼範圍內？誰來做？」

這個抽屜裡的問題，其實都是在問：你怎麼知道你是對的？

抽屜五：緣由性問題。

「什麼引起的？為什麼會發生？觸發事件是什麼？根本原因是什麼？驅動因素是什麼？抑制因素是什麼？它是怎樣起作用的？機制是什麼？當——出現時，會發生什麼？這是事情的起因，還是僅僅是相關因素？」

這個抽屜裡的問題，其實都是在問：是什麼導致了這個結果？

抽屜六：影響性問題。

「結論是什麼？成果是什麼？所以呢？短期效應，還是中期，或者長期？哪種是最好的情形？最壞的情形是怎樣的？最可能是怎樣的？有哪些意外後果？是積極的，還是消極的？」

這個抽屜裡的問題，其實都是在問：會帶來什麼影響？

抽屜七：行動性問題。

「我們應該做什麼？怎樣應對？與誰合作？什麼時間完成？這是不是意味著解決了根源問題？是否全面？是否有應對風險的策略？是否有支援？」

這個抽屜裡的問題，其實都是在問：應該採取什麼行動？

七個問題抽屜已經打開。再回到最開始的案例，對於「電腦市場不景氣」這個陳述，一口氣能問出哪七種問題呢？

「電腦市場景氣不景氣，是我們迫切需要討論的問題嗎？你說的電腦，包含了廣義的電腦設備嗎，比如行動設備、遊戲機、汽車導航等？不景氣，這是好事，還是壞事？不景氣的具體數據如何，數據來源又是什麼？不景氣的根本原因是什麼？會帶來哪些短期、中期和長期的影響？誰，應該在什麼時候，採取什麼應對措施呢？」

這就是精確的提問。對方也許原本要花兩個小時講述觀點，現在通過回答結構化的精確的問題，可能只要十五分鐘就把問題說清楚了。

KEYPOINT

精準提問

精確的提問建立在層層遞進的七個問題抽屜之上，是由聽者邏輯主導的C2B式反向溝通，用以大幅提升溝通效率。這七個問題抽屜是：繼續／中止性問題、澄清性問題、假設性問題、質疑性問題、緣由性問題、影響性問題和行動性問題。

筆記時間

第4篇

PART
Four

第十章

情感能力

同理心，千般能力的共同心法——**同理心**

不偏不倚的自我認知——**自我認知**

自律，才是最大的自由——**自我控制**

真正優秀的人都自我激勵——**自我激勵**

你的情感帳戶餘額不足，請加值——**人際關係處理**

1 同理心，千般能力的共同心法——同理心

智商也許是天生的，但情商可以後天訓練。情商有五個基礎的元能力：同理心、自我認知、自我控制、自我激勵和人際關係處理。

在商業世界中進行個人修練，有一種極其重要的能力——情感能力，也就是「情商」。我們常聽別人說，某人的智商很高，但是情商不高。也有人說，情商比智商更重要。這些說法正確嗎？這些說法聽上去有些道理，但其實都不準確。

我們首先要理解，什麼是智商？智商，通常是指人的觀察力、記憶力、想像力、創造力、分析判斷能力、思維能力、應變能力和推理能力等。用一句話來總結：智商，就是人理解規律、運用規律的能力。

把智商持之以恆的用在數學領域的人，成了數學家；把智商持之以恆的用在物理領域的人，成了物理學家；而把智商持之以恆的用在與人打交道上的人，就擁有了所謂的「情商」，成為情感專家。

情商，並不與智商對立，相反，它是智商的一個結果。只是同時決定這個結果的，還有持之以恆的「訓練」。也就是說，**情商＝智商×情感訓練**。

只有正確的理解了情商，才能提高情商。之所以存在情商很低的數學家，是因為他更喜歡把智商用在訓練數學能力上，而不是訓練情感能力上。智商的高低，決定了情商的天花板。但是，很多人在情感訓練上的努力程度之低，根本還輪不到拚智商。

該怎樣訓練情商呢？我將與大家分享五種「元能力」的訓練：同理心、自我認知、自我控制、自我激勵和人際關係處理。

同理心，是第一種元能力。前面在講「知彼解己」時，提到過「移情聆聽」。所謂移情，就是指從別人的感情出發，站在別人的角度看待問題。這其實就是同理心。同理心，之所以被稱為「元能力」，是因為很多其他能力都是從這個元能力上演化出來的，比如管理能力、職場素養能力、演講能力、銷售能力等。

在「激發善意」一節中，我們講了如何激勵員工。激勵員工的元能力，也是同理心——要從員工的感情出發，站在員工的角度去想，他到底需要什麼，而不是可以給他什麼。訓練好了同理心，不但可以管理下屬，還可以管理平級，甚至管理老闆、管理外部。

在「高效能人士的素養」一章中，我們講到的所有職場素養能力，比如上車坐什麼位置、進電梯會不會大聲喧譁、走路時會不會主動靠右、是否守時、是否尊重別人等，其實都是在訓練從別人的感情出發，站在別人的角度思考問題。

在「認知臺階」一節中，我們提到過，高超的演講，最重要的不是講，而是幫助聽眾聽。要從聽眾的感情出發，站在聽眾的角度，順著「聽」的邏輯來「講」。這樣，聽眾接受觀點就會變得容易很多。

關於「銷售能力」也是一樣的：人們都不喜歡被賣東西，只喜歡買東西。所以要從顧客買東西的感情出發，站在他的角度，思考他遇到了什麼問題、產生了什麼需求、需要什麼工具、為什麼要買產品等。

這一切，都是源自同一種元能力——同理心。

怎樣才能訓練同理心，把自己的情商提升到智商所允許的上限呢？這裡，我介紹兩個簡單的訓練辦法。

第一個辦法：指路。

假如一個朋友開車迷路了，又沒有導航設備，只好打電話向你問路。你會怎麼指路呢？你說：「直直開到一個賣包子的小店，然後右轉就到了。」這是缺乏同理心的指路方式。要是你站在迷路者的角度想，就會知道他找到那個包子店的難度，可能和找到正確的路的難度是一樣的。有同理心的人，會先問問對方周圍的環境，然後和自己記憶中的位置匹配，最後告訴對方：「再往前開四百公尺，過兩個路口，右轉就到了。」經常練習指路，能有效的訓練同理心。

第二個辦法：玩殺人遊戲。

殺人遊戲是一個角色扮演遊戲，參與者通過抽籤來確定自己的身分：殺手、警察或平民，然後大家不公開身分，僅僅靠語言溝通，猜測誰是殺手。這個遊戲能有效訓練從別人的感情出發，站在別人的角度思考的能力。在遊戲中表現出超常判斷力的人，通常都是在現實生活中同理心很強的人。

KEYPOINT

同理心

同理心，就是從別人的感情出發，站在別人的角度思考，將心比心的能力。怎麼訓練？銷售、管理、演講、職業素養中都可以訓練。除此之外，還有兩個小方法：練習指路和玩殺人遊戲。

2 不偏不倚的自我認知——自我認知

每個人的自我都可以分為四個部分：盲目的自我、祕密的自我、公開的自我和未知的自我。不偏不倚的自我認知，非常重要。

提高自己的情感能力，必須認識到，人與人之間有一種無關優劣的「不同」。**而在全世界六十多億人當中，你最需要知道的一個「不同」的人，就是你自己。**這就是我們常說的「自我認知」。

過去我一直以為自己是個外向的人，到處演講，為別人提供諮詢服務。但是，當參加自助酒會時，我發現有些人端著一杯香檳優雅的走來走去，碰見誰都能聊兩句，談笑風生，呼朋喚友。而我呢？常常是一個人端著一杯可樂，靜靜的站在角落，誰也不想搭理。我覺得這樣不對，但始終無法改變自己。直到有一天，我參加了一項專業測評，終於知道：啊？我居然是個內向的人。

每個人的能量來源不同。有些人的能量來自安靜的思考，有些人的能量來自熱鬧的社交。而我呢？我能從獨處中獲取源源不斷的能量，所有熱鬧的場合對我來說，都是巨大的消耗。至於我在演講中看似外向的行為舉止，其實都是源自後天的訓練，而不是先天的性格。

當我有了這樣的自我認知之後，就徹底釋然了。我學會了自我調節：每次演講結束，或者與人長談之後，我都會給自己一些時間靜靜獨處，恢復心理能量。甚至有些時候，我學會了放過自己：那樣熱鬧的場合，我就不去了吧！

老子在《道德經》中說：「知人者智，自知者明。」希臘哲學家蘇格拉底說，要「認識你自己」。不偏不倚的自我認知如此重要，怎樣才能獲得這樣的認知呢？

美國心理學家魯夫特（Joseph Luft）和英格漢（Harry Igham）對「自我認知」進行了多年研究，提出了著名的「周哈里窗」。該理論認為，每個人的自我，按照自己知不知道、別人知不知道，可以分為四個部分：盲目的自我、祕密的自我、公開的自我和未知的自我。

第一，盲目的自我，即別人知道，自己卻不知道的「我」。

有人可能會覺得不可思議：不可能吧？有誰能比我更了解自己？還真有。我曾經在朋友圈做過一個小調查，請朋友們用三個關鍵詞來評價我。反饋最多的三個關

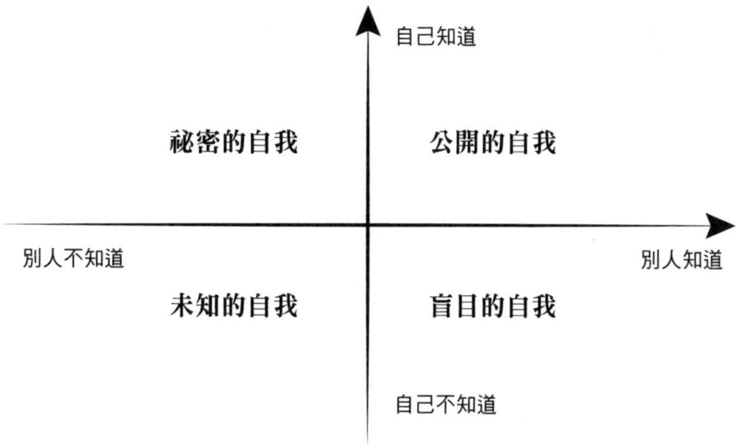

鍵詞分別是：戰略顧問、網路轉型和笑話高手。我怎麼也沒想到，自己在朋友心中居然是個笑話高手！調查，尤其是匿名調查，可以幫助我們認知「盲目的自我」。

第二，祕密的自我，即別人不知道，只有自己知道的「我」。

很多人喜歡選擇性埋藏或否定這部分的自我。現在反過來，怎麼把它挖出來呢？拿一張紙，在十分鐘內寫下二十句：「我有——不為人知的一面。」想到什麼就寫什麼，寫完後藏好。然後用三天時間來觀察對照自己的言行。三天後，從二十句中刪掉最不符合的十句，再補寫十句不重複的。再過三天後，挑出前面五句——這就是「祕密的自我」。

第三，公開的自我，即別人知道，自己也知道的「我」。

比如，「我長得比較瘦」、「他長得比較帥」、「某某的邏輯思維能力特別棒」、「某某口才特別好」等等。有時候，人們以為的「祕密的自我」，其實是「公開的自我」。

第四，未知的自我，即別人不知道，自己也不知道的「我」。

了解這部分自我，可以借助一些專業測評工具。就好比，要想知道自己的智商多少、性格如何，最好的辦法就是去專門機構測一下（比如運用MBTI[7]），而不是隨便從網上找測試題做。

還有兩點需要提醒的是：自我認知具有刻度性和動態性。

比如，問一百個人：「你勤奮嗎？」估計有九十個人會給出肯定回答。「勤奮」這東西，是有刻度的。六點起床的，可能比八點起床的勤奮；四點起床的，可能比六點起床的勤奮。只有基於比較，才能得出自我認知。

---

7 MBTI：Myers–Briggs Type Indicator，性格分類模型的一種，又稱邁爾斯—布里格斯性格分類法。是目前商業最常使用的分類法。其基本理論源自心理分析家卡爾·榮格（Carl Gustav Jung）的著作《心理類型》（*Psychologische Typen*）。

再比如，有的人說自己不擅長演講，但是隨著練習，他會講得愈來愈好。所以，類似這種自我認知，就是動態變化的。

遇到困難時，有人說：做自己。一帆風順時，有人說：做最好的自己。「做自己」，是現實自我；「做最好的自己」，是理想自我。不要高估自己的能力，也不要低估自己的潛力。

KEYPOINT

自我認知

自我認知是一種極其重要的情感能力。在認知世界、認知他人之前，我們要清晰的、不偏不倚的認知物質自我、社會自我和精神自我。怎麼做呢？可以依據「周哈里窗」，用調查的方式，了解「盲目的自我」；用反省的方式，了解「祕密的自我」；用測評的方式，了解「未知的自我」。

3 自律，才是最大的自由——自我控制

真正的自由，是在所有時候都能控制自己。你可以通過強化長期目標、訓練延遲滿足、減少短期誘惑的方法，提高自控力。

生活中往往會遇到這些情況：朋友約你晚上出去狂歡，但你還有幾個專欄要學習；教練叮囑你一定要控制飲食，但今晚公司聚餐的重頭戲是燒烤、火鍋和小龍蝦；你打算勒緊褲腰帶艱苦創業三年，但突然有投資人拿出一千萬元現金說：「把公司賣給我，你去享樂吧！」

怎麼辦？

其實，這些問題都是在考驗同一種情感能力：面對誘惑時的「自制能力」。如果誘惑戰勝了自制力，人們會說「及時行樂」；如果自制力戰勝了誘惑，人們會說「延遲滿足」。

自我控制，是情商中第三個核心能力，即抵禦外界的感性誘惑，堅定實現理性

目標的能力。用一個公式表述，就是：長期目標＋自我控制大於短期誘惑。

像學習、減肥、創業成功，都是長期目標；狂歡、美食、即時利益，都是短期誘惑。如果減肥的長期目標比美食的短期誘惑更強烈，那麼恭喜你。但如果美食的短期誘惑（至少在此時此刻）比減肥的長期目標更強烈，這時候，你就需要自我控制的能力了。

自我控制能力，何其寶貴！誘惑，總是充滿動物野性，洶湧而來，勢不可擋。大部分人在巨大的誘惑面前，總是屈服於衝動。而自我控制能力強的人，常常有更高的自尊、更強的人際交往能力、更好的情感回應和更少的缺點。

文藝復興時期法國作家蒙田（Michel de Montaigne）曾說：**真正的自由，是在所有時候都能控制自己。**這就是當下特別流行的那句話「自律給我自由」的來源。

怎麼才能提高自我控制能力呢？一旦有了公式，就會很容易理解。有三個辦法：第一，強化長期目標；第二，訓練自我控制；第三，減少短期誘惑。

第一，強化長期目標。

有些公司把特斯拉停在辦公區：誰能完成業績指標，就可以直接把車開回家。有些人把魔鬼身材的美女照片貼在冰箱上，每次想打開冰箱找東西吃，就提醒自己：四月不減肥，六月徒傷悲。有些創業者賦予創業成功巨大的意義和利益，比如「我必須成為雲南省的馬雲」。這些都是用誘惑戰勝誘惑，有助於增加公式上邊的比重。

第二，訓練自我控制。

訓練自我控制最有效的方法是：延遲滿足。

史丹佛大學有個著名的「棉花糖」實驗：孩子們獨自待在房間裡，面對一塊棉花糖。這些孩子被告知，如果十五分鐘內忍住不吃掉棉花糖，就會得到兩塊棉花糖作為獎勵。在這個實驗中，三分之一的孩子沒有吃掉棉花糖。實驗室後來跟蹤研究了這些孩子的成長，他們發現，沒吃掉棉花糖的孩子適應性強、具有冒險精神、受人歡迎、自信、獨立，甚至連學習成績都比吃掉棉花糖的孩子高二十分。而那些吃掉棉花糖的孩子，孤僻、易固執、易受挫、有優柔寡斷的傾向、成績差，他們當中不少人受到毒品、酗酒、肥胖等問題困擾。

一塊棉花糖能影響人的一生嗎？其實不是。**影響人一生的，是延遲滿足的能力。**

怎麼訓練延遲滿足能力？很簡單，比如你喜歡吃奶油蛋糕，尤其是上面的奶油，每次都會先吃奶油，那麼以後改成先吃蛋糕。反過來也是一樣。

第三，減少短期誘惑。

美國船王老哈利在把事業傳給兒子小哈利時，帶他去了一趟賭場。老哈利給了小哈利兩千美元，說：要留下五百美元。小哈利答應了。但是，年輕的小哈利很快賭紅了眼，在「反敗為勝」的強烈慾望的誘惑下，把錢輸了個精光。小哈利不服氣，他打工掙了七百美元，再上賭桌，決定留下一半，但又輸光了所有。小哈利非常沮喪。老哈利說：「你以為進賭場是為了贏誰？是要贏你自己！控制住自己，你才是真正的贏家。」

終於有一次，小哈利在輸到一半的時候，堅定的站起來，離開了賭桌。他雖然輸了錢，但卻有了贏家的心態，不再輕易被誘惑，始終把輸贏控制在百分之十以內，超過這個範圍，堅決離場。老哈利放心的把公司交給了小哈利，並告訴他：能在贏時退場的人，才是真正的贏家。

這就是通過訓練，減少誘惑對自己的吸引力。

如果真的做不到怎麼辦？那就遠離誘惑。很多人罵貪官，但是如果自己也坐到官位上，是不是一定能潔身自好？有時候，把「棉花糖」拿走，而不是挑戰自己的自制能力，也是一種有效的方法。

KEYPOINT

自我控制

自我控制，是一種抵禦外界的感性誘惑，堅定實現理性目標的能力。用一個公式表述，就是：長期目標＋自我控制大於短期誘惑。具體應該怎麼做呢？根據公式：第一，強化長期目標；第二，訓練自我控制；第三，減少短期誘惑。

4 真正優秀的人都自我激勵——自我激勵

情商不僅是「左右逢源，八面玲瓏」，更重要的是認識自己、控制自己、激勵自己。幾乎所有成功人士都擁有一項特質：自我激勵。

有一段時間，據說格力電器總裁董明珠的一段話，突然紅遍了朋友圈：

「要讓上級哄著你做事的，請回到你媽媽身邊去，長大了再來面對這個世界！這個世界的現實太殘忍，你想過得更好，意味著你要加倍努力奮鬥，而不是抱怨！這個不適合我，那個我不想做，這個我做不來，最終結果是我們輸給了自己！」

這段話所要求的，其實是一種極其重要的情感能力：自我激勵。

什麼叫自我激勵？

自我激勵，是指個體具有不需要外界獎勵或懲罰等手段，就能為設定的目標自我努力工作的一種心理特徵。通俗的說，就是「自帶雞血」[8]。

8 自帶雞血：源自一九六〇年，中國文化大革命時期，由俞昌時發明的療法，於當時頗受歡迎。做法是注入新鮮的雞血至人的靜脈中，據說可治好至少二十四種病症。

假如一名員工說「我不行」，老闆可能會鼓勵他「你行的，你再試一試」。但要是老闆本人說「我不行」呢？誰會來鼓勵他？沒有人。所以，老闆必須「掏出針管，自己注射兩升雞血」。在商業世界中，幾乎所有成功人士都擁有一項共同的情商特質：自我激勵。

二〇〇九年，我參加了好朋友曲向東組織的各大商學院高級工商管理碩士（EMBA）之間的邀請賽：「玄奘之路」戈壁挑戰賽。我本來以為，走路誰不會啊？不就是四天徒步一百二十公里嗎？沒想到第三天，我就傻眼了。當時，我在戈壁裡已經走了兩天，膝蓋和腳踝都受了重傷，幾乎寸步難行，每挪動一步，都會鑽心刺骨的痛。可是還有兩天時間，路程也才剛剛走了一半。我突然有種想哭的感覺。我找到隨行醫生，止痛膏早已用完，他拿出雲南白藥給我噴了噴，讓我不要繼續走了，改坐「收容車」。我不同意，我對醫生說：「我一定要走完，請把整瓶雲南白藥都給我吧。」

我讓自己忘掉前面還有二十八公里，只關注一件事：一定要邁出左腳。我努力讓小腿和大腿保持豎直，不摩擦膝蓋，借助手杖，把左腳邁了出去。太棒了！接下來，最重要的事情變成：一定要邁出右腳。然後，再邁出左腳……狂風、暴雨，在荒蕪的戈壁中，沒有什麼能遮風擋雨的東西，我連遮擋的念頭都沒有，繼續往前走，任憑全身濕透，再乾掉。到了一片鹽鹼地，一位體能師守在那裡。他簡單檢查了一下我的身體狀況，堅持讓我上車。我不同意，最後他只好陪我一起往前走。

還有一位同行者，讓我非常欽佩。他的兩個膝蓋都受了重傷，只能撐著枴杖，一步一步的跳到了營地。別人滿腳是水泡，他滿手是水泡。最後一天，他又跳了八公里。離終點還有十六公里的時候，主辦方宣布比賽結束。他對體能師說：「求你陪我繼續走完吧，每走一公里，我給你一萬元。我給你十六萬元，求你陪著我，我一定要自己走完。」

沒有親身經歷過的人，可能無法理解：為什麼會有這樣的瘋子，花錢到戈壁去摧殘自己？沒有親身經歷過的人，可能無法體會：跨過終點的那一瞬間，你就像完全跨越了自己，有一種脫胎換骨的感覺，醍醐灌頂。我跪在地上，被沙石、雨水、恐懼、絕望洗禮過的我，兌現了一個自己都不相信能完成的承諾。我又有種想哭的感覺。

後來，我一直在想：為什麼這群管理碩士跟瘋了一樣？當我看到「玄奘之路」大旗上的口號——理想、行動、堅持時，我恍然大悟：這次挑戰賽，就是一次自我激勵能力的集訓啊！

自我激勵的第一要素是理想。我非常喜歡一句話：激情是燃燒的理想。當有了一個無比渴望的理想，輕輕點燃它，就會燃燒出熊熊的激情。

自我激勵的第二要素是堅持。很多人說：生活已經如此艱苦，何必再去自找苦吃？那是因為他們還不知道什麼叫艱苦。去走走戈壁，去轉轉青海湖，去爬爬吉力馬扎羅山……經歷之後，在商業世界中再遇到什麼困難，你都能用堅持來激勵自己。

一個人不懈的行動，是用理想拉動，用堅持推動。理想和堅持，是自我激勵真正的精髓。

KEYPOINT

自我激勵

自我激勵，是指個體具有不需要外界獎勵或懲罰等手段，就能為設定的目標自我努力工作的一種心理特徵。通俗的說，就是「自帶雞血」。怎麼才能自我激勵？其實很簡單：用理想拉動，用堅持推動。

5 你的情感帳戶餘額不足，請加值——人際關係處理

人際關係處理，就是在情感帳戶裡存款取款。要注意，情感帳戶的維繫是長期的，不要隨便麻煩別人，允許別人幫你有時會加深感情。

你有沒有遇到過這種情況：星期一早上正忙得不可開交，突然一個八百年都說不上一句話的朋友發來微信。打開一看，原來是「朋友圈集齊一百個點讚就能免費換牙刷」。你感覺自己火都上來。

為什麼這麼大火氣？是因為你不近人情、薄情寡義嗎？還是因為牙刷太便宜，換成電子鍋你就點讚了？都不是。你之所以上火，是因為這位朋友的情商太低——他在你的「情感帳戶」裡已經沒有餘額，卻還想取款。

什麼是情感帳戶？

情感帳戶，是人際關係的一種比喻。這個帳戶裡，存的是信任、價值和情感。情商中所謂的「**人際關係處理**」，**本質上就是從情感帳戶裡存款和取款的行為**。

舉個例子，二〇一四年，財經作家吳曉波寫了一篇文章〈只有廖廠長例外〉。二十五年前，吳曉波還在復旦大學讀書時，發起了一個到中國南部考察的計畫，但是作為窮學生，他能籌措到的經費捉襟見肘。這件事被素昧平生的湖南企業家廖廠長知道了，廖廠長決定無償資助吳曉波七千元。在當時，這是一筆數目不小的錢。吳曉波前去感謝，發現廖廠長其實也不是很富有，就更加感激了，問有什麼可以回報的。廖廠長說：「不需要什麼回報。報告出來後，寄給我一份就好。」可以想像，廖廠長在這個叫吳曉波的窮小子的情感帳戶裡，存入了一筆巨款！

廖廠長的故事，讓我想起了一位美國老太太。兩百年前，這位老太太的祖先在瑞士銀行存了一百美元。兩百年後，老太太去瑞士銀行的美國分行取款，瑞士總行行長親自飛到美國，給老太太兌現五十萬美元，並獎勵了她一百萬美元。行長說：「錢存在我們銀行，只要地球在，你的錢就在。」

廖廠長和美國老太太的故事告訴我們：隨手存款，最後必將增值。

回到最開始的案例，為一些蠅頭小利，打擾別人的工作和休息，這種「求讚」不但不是存款，更是一種無節制的取款行為。這時，如果你在別人的情感帳戶裡餘額不足，當然就會招致反感。

所以，我們必須把每一次人際交往，都看成是往他人情感帳戶裡存款的一個機會。具體怎麼做？

第一，養成隨手存款的好習慣。

你千萬不要聽說了廖廠長的故事後，就衝過去找到吳曉波，說：吳老師，我這裡也有七千元……情感帳戶的維繫，是長期的。

我們可以向祖克伯（Mark Zuckerberg）學習，試著每天給員工寫一張感謝卡，讓他們知道公司感激他們；可以在每次交付完項目後，感謝每一個提供過幫助的客戶員工；可以在犯錯之後，勇敢的承認；可以在會議結束時，主動給全體與會人員發一份報告，省去大家總結的時間；可以在同事沮喪時，陪他在茶水間喝杯咖啡；可以在新員工焦慮時，給他一些建議，拍拍他的後背，為他加油；可以在翻看朋友圈時，主動為別人點讚；可以在朋友遇到困難時，主動詢問是否需要幫助……

另外，我們幫助別人時，不能心裡總想著：這一下你欠我的了，找機會要還回來。最好的情感帳戶關係是：我覺得「舉手之勞，不足掛齒」，你覺得「點滴之恩，湧泉相報」；最壞的情感帳戶關係是：我覺得「我的舉手之勞，你應該湧泉相報」，你覺得「你的點滴之恩，我應該不足掛齒」。

第二，警惕無意識的取款行為。

不要群發微信求讚，不要群發微信給孩子拉票，不要群發文章求轉發，不要私信推銷產品，不要未經同意把朋友拉入大群。

有的人去外地旅行，抓住個當地的朋友就說：「我要去那裡玩了，你幫我訂個旅店吧。」先要問問自己：和這個朋友熟不熟？就算熟，真的要這麼揮霍自己的情感帳戶嗎？現在網路這麼發達，自己能解決的事情，絕不輕易麻煩別人。

第三，接受別人的幫助。

當然，我們也要允許別人往自己的情感帳戶裡存錢。只幫助別人，不允許別人幫助自己，一心想著「零存整取」，以後找別人幫個大忙，這樣的人也是很難交朋友的。接受別人的幫助，有時甚至會加深彼此的感情。

對於別人的幫忙，我們都要報以善意。比如，出國回來，給幫過自己的人帶份小禮物；朋友轉發了自己的文章，留言向他表達感謝；有人提出了很有價值的建議，發個吉祥數字的紅包，金額不用太大，表達心意即可。

KEYPOINT

情感帳戶

情感帳戶，是人際關係的一種比喻。這個帳戶裡，存的是信任、價值和情感。把每一次人際交往，都看成是往他人情感帳戶裡存款的一個機會。具體怎麼做？第一，養成隨手存款的好習慣；第二，警惕無意識的取款行為；第三，接受別人的幫助。

筆記時間

第十一章

創新能力

1 靈感就在盒子裡——減法策略

系統創新思維認為，限定一個框架，然後在框架內尋找答案，比等著蘋果砸中腦袋更可靠。系統創新思維包括五大策略：減法策略、除法策略、乘法策略、任務統籌策略和屬性依存策略。

二〇一六年七月，我帶領二十多位企業家，去「創業的國度」以色列遊學，參訪了很多著名的企業，並在有「中東哈佛」之稱的希伯來大學學習了四天，這段經歷讓我深受震撼。以色列的國土面積比不上一個長春市，人口數量也不如保定多，但其創新綜合實力卻在全球排名第二，上市公司數量比中、日、韓三國加起來還多。騰訊公司著名的產品「ＱＱ」，最早就是源自以色列的ＩＣＱ。這是個真正的「大眾創業，萬眾創新」的國家。可是，為什麼一個彈丸之地，能有如此大的創新能量？如果說創新源自靈感閃現的話，是上帝給了他們更多的靈感嗎？

靈感，確實是創新的源泉。在過去，人們傾向於把靈感神祕化、偶然化，甚至擬人化。比如，著名的俄國作家車爾尼雪夫斯基（Nikolai Chernyshevsky）就說過：靈感是一個不喜歡拜訪懶漢的客人。但是，以色列創新研究院常務理事阿姆農—列瓦夫（AmnonLevav）不這麼認為。他說：創新可以複製，靈感可以生產。他與夥伴們一起，提出了著名的「系統創新思維」。

很多人一提到創新，就會想到「跳出框架的思考」（Out of Box Thinking）。而系統創新思維認為，**創新恰恰源於對思想的制約，而非放任**。限定一個框架，然後在框架內尋找答案，遠比漫無目的的發散思維，或靜候靈感降臨更有效。

美國創新專家德魯·博迪（Drew Boyd）把系統創新思維的理論，寫成了一本書《*Inside the Box: A Proven System of Creativity for Breakthrough Results*》。這本書的中文版譯名為《微創新》，其實不太準確，也許叫《框架內創新》更傳神，因為「靈感就在盒子裡」，不用到外面去瞎找。

有一家叫Vitco的洗衣精公司想研發創新產品，擴充自己的生產線。可是，創新的靈感從哪裡來呢？等著蘋果砸到頭上嗎？不，他們不打算把創新交給偶然，而是決定使用系統創新思維五大策略中的「減法策略」，來「生產」靈感。

第一步，列出產品的組成部分。洗衣精的組成部分有三樣：用來去污的活性成分、香精和增加黏著度的黏著液。

第二步，刪除其中一種成分，最好是基礎成分。還有什麼比用來去污的活性成分更基礎的呢？那就減去活性成分吧。

第三步，想像這樣做的結果。很多人立刻就傻了：洗衣精中只剩香精和黏著液了，這樣的洗衣精能洗乾淨衣物嗎？難道這就是減法策略生產出來的靈感？

第四步，明確這種產品的優勢和市場定位。大家努力不讓「不可能」三個字脫口而出，開始集思廣益。有人想到，活性成分雖然能洗淨衣物，但也會損傷衣物，導致掉色，所以去掉活性成分後，衣服的使用壽命會延長！有的衣服其實並不髒，清洗的目的只是為了讓衣服看上去更新。有這種需求的人，可能會是新產品的目標受眾。可是，按照行業規定，洗衣精必須含有最少劑量的活性成分，怎麼辦？Vitco的總裁靈機一動：那就不叫洗衣精，新產品叫「衣物柔軟精」吧！

至此，Vitco公司生產了一款就算最狂野的腦力激盪也未必能想出來的創新產品：沒有去污成分的洗衣精——衣物柔軟精。後來，僅寶僑一家公司，每年從衣物柔軟精中的獲利就超過十億美元。

手機的創新靈感可以用減法策略嗎？比如，手機的組成部分包括螢幕、鍵盤、電路板和電池。如果把鍵盤減掉會如何？摩托羅拉用減法策略，發明了沒有鍵盤的手機 mango，也就是兒童手機，只能接聽，不能撥打。mango 成為當年最具創意的十二個營銷策略之一。

錄音機的創新靈感可以用減法策略嗎？錄音機的組成部分包括：磁帶盒、錄音模塊、播音模塊和喇叭。井深大（索尼創始人之一）要求索尼公司開發一款減掉錄音模塊和喇叭、不能錄音的錄音機。一開始，大家心裡都沒有底，覺得能賣五千台就不錯了。誰也沒料到，新產品推出兩個月就賣了五萬台，之後的全球銷量超過了兩億台。這款劃時代的產品就是 walkman（隨身聽）。

KEYPOINT

減法策略

減法策略是系統創新思維的五大策略之一。運用減法策略的方法是：第一，列出產品的組成部分；第二，刪除其中一種成分，最好是基礎成分；第三，想像這樣做的結果；第四，明確這種產品的優勢和市場定位。

2 冰箱和空調可以合二為一嗎——除法策略

了解單個創新方法還不夠，你需要回到第一性原理，理解如何用方法打破固有思維框架，才能從方法論的表面下沉到底層邏輯。

前面講到系統創新思維的五大策略之一——減法策略，即通過去掉框架內的一個基礎成分來獲得靈感，產生創新的方法。它的第一性原理，**是用方法打破固有思維框架**。有了這層認識，我們才算是從表面的方法論，下沉到了底層邏輯。

系統創新思維的第二個策略是除法策略。德魯．博迪在《微創新》一書中寫到一個案例：有一次，德魯給奇異公司做關於系統創新思維的演講。奇異公司的菁英們並不接受「創新方法」的說法，於是發起挑戰，讓德魯「生產」一個冰箱創新的靈感。德魯並不了解冰箱的生產製造，但是有方法啊！他決定用除法策略，帶領大家試試看。

第一步，和減法策略一樣，列出產品的組成部分。冰箱的主要物理組成部分包括：門、隔板、燈泡、製冰格和壓縮機。

第二步，用功能型除法、物理型除法或保留型除法，分解產品。比如「壓縮機」這個部分，如果不放在「冰箱」這個框架裡，還能放在什麼別的框架裡嗎？這個想法太顛覆了，但是要注意，這個時候，強大的固有思維框架就被方法打破了，靈感產生了。

第三步，重新組合產品。那些原本對「創新方法」不屑一顧的人開始陷入思考。「要是把壓縮機放到屋子外面呢？」於是，一種新的產品形態出現了。

第四步，和減法策略一樣，明確這種產品的優勢和市場定位。「把壓縮機放到室外，屋裡會安靜得多」、「屋裡的熱量會減少」、「維修方便」、「冰箱內部容量會變大」、「可以用一台外置的壓縮機，冷卻不同位置的、冰箱之外的東西」、「對，可以把抽屜變成存放雞蛋的冰格」、「還可以有單獨的蔬菜櫃和飲料架」、「我們甚至可以對廚房做個性化訂製！」一個簡單的方法，打破了固有思維框架。用一個小小的靈感，點燃了如此多激情澎湃的創新。

第五步，有沒有可行性，如何提高可行性？幾年後，市場上真的出現了脫離冰箱主體的獨立冰鎮抽屜，其中包括奇異公司 HotPoint 系列的抽屜型電器。

這就是系統創新思維的除法策略。除法策略，就是把產品分解成多個部分，再把這些部分重新組合，產生新的形式，根據「形式為先，功能次之」的邏輯，接著分析這種新形式帶來的好處，倒推出功能。它和減法策略一樣，生產靈感，激發創新。

那麼，除法策略有哪些具體的用法呢？

第一，功能型除法。

空調有哪幾個功能？恆溫器、控制器、風扇和製冷系統。如果把這四種功能分解，並重新組合呢？恆溫器，掛在客廳牆壁上，自動調節溫度；控制器，做成遙控器應用程式，裝在手機裡；風扇，掛在牆上或者裝進天花板裡，隱藏起來；製冷系統，掛在室外，甚至和冰箱共用一台壓縮機。這樣，家裡就有了一套「看不見」的空調。冬天時，冰箱的散熱，還能給客廳供暖。

第二，物理型除法。

飲料有哪幾個物理部分？水和食用香精。如果把這兩個功能分解，並重新組合呢？比如，水依然裝在飲料瓶子裡，而把食用香精放在吸管裡呢？這樣就可以通過不同的吸管，喝到草莓味、巧克力味等不同口味的飲料了。

第三，保留型除法。

能不能保留原產品的功能和特性，把產品按原樣縮小呢？比如，從空間上縮小。把電腦的儲存空間縮小，再縮小，就得到了隨身攜帶的隨身碟；如果從時間上縮小，把飯店的收益權分成五十二週，人們可以購買其中一份，自用或者出租都行，這就是「日租套房」。

KEYPOINT

除法策略

除法策略，就是把產品分解成多個部分，再把這些部分重新組合，產生新的形式，根據「形式為先，功能次之」的邏輯，接著分析這種新形式帶來的好處，倒推出功能。用除法策略生產靈感的方法有五步：第一步，列出產品的組成部分；第二步，用功能型除法、物理型除法或者保留型除法，分解產品；第三步，重新組合產品；第四步，明確產品的優勢和市場定位；第五步，解決可行性問題。

3 空氣清淨機乘以二等於提神清新劑——乘法策略

創新也有方法可循。乘法策略與減法策略、除法策略的基本方法一樣。用乘法策略來創新，其核心靈感就來自複製其中一個組件。

系統創新思維中，打破框架，生產靈感的第三大方法是「乘法策略」。乘法策略，和減法策略、除法策略的基本方法一樣，第一步都是把產品分解成組件，只是在第二步用組件生產靈感的方向上略有不同：減法是刪除，除法是重組，乘法是複製。

《微創新》一書的另一位作者雅各布．戈登柏格（Jacob Goldenberg），被評為「十大可能改變世界的人物之一」，登上了《華爾街日報》（*The Wall Street Journal*）頭條。寶僑公司在聽完雅各布的一次演講後，決定邀請他為旗下品牌組織一次創新工作坊。以色列創新研究院常務理事阿姆農主持了工作坊。這一次，他們的創新目標不是衣物柔軟精，而是空氣清淨機，採用的正是乘法策略。

第一步，先分解，列出產品的組成部分。空氣清淨機並不複雜，其實就是用電熱絲加熱一瓶香精，主要組成部分包括液態香精、容器、外殼、插頭，以及電熱絲。

第二步，選擇其中一樣進行複製。用乘法策略來創新，其核心靈感就來自複製其中一個組成部分。比如，他們選擇了複製「容器」。

第三步，重新組合產品。這麼一來，他們就得到了兩瓶空氣清淨機，但還是只有一個電熱絲。這個靈感聽上去讓人有點沮喪，但是別急，還有第四步。

第四步，明確這種產品的優勢和市場定位。用「形式為先，功能次之」的邏輯來分析：兩瓶空氣清淨機加上一個電熱絲，有什麼用呢？大家開動腦筋：「如果一個空氣清淨機配兩個香水盒……那兩個盒子裡，可以放不同的香水啊！」「可為什麼會有人需要兩種不同的香水呢？享受氣味混搭的感覺嗎？」這時，有人想到：「是否可以在不同時間段散發不同的氣味呢？」一種氣味散發久了，人們就會習慣，感覺不到香氣了，這時如果換一種氣味，會重新喚醒人們的嗅覺，再次聞到清香。這樣，兩種香氣交替散發，一整天都會神清氣爽！

第五步，有沒有可行性，如何提高可行性？大家覺得上述想法很可行，於是開始進一步改進方案，最終變成：一瓶除臭劑加一瓶清新劑，交替加熱，散發香氣。

幾個月後，寶僑公司發布了新產品「紡必適提神清新劑」，立刻風靡市場，銷量幾乎是寶僑所有其他空氣清新產品的兩倍。

了解了減法策略、除法策略和乘法策略，有人可能已經發現，看上去強大的系統創新思維其實一點都不神祕。**如果說 Out-of-Box Thinking 是讓人「超越框架」，那麼 Inside-the-Box Thinking，即系統創新思維，就是教人「打破框架」**。超越框架和打破框架並不矛盾，都是對固有框架的破壞。很多理論給了人們「超越框架」的雞湯，卻沒有給勺子。而系統創新思維則教給人們「打破框架」的方法。

在乘法策略的方法中，分解後再複製一個組件，真的行得通嗎？還可以怎麼應用呢？

比如，對於刮鬍刀行業來說，一九七一年是具有劃時代意義的一年。自從發明刮鬍刀以來，一直都是用的單鋒刀片。一九七一年，吉列公司推出了雙鋒刮鬍刀，革命性的取代了傳統單鋒刀片，使男士的剃鬚體驗有了巨大飛躍。這一創新，甚至觸發了刮鬍刀行業的「刀鋒大戰」：三個刀鋒、四個刀鋒、五個刀鋒層出不窮，到現在已經有六個刀鋒了。一個小小的乘法策略，對刮鬍刀行業產生了巨大影響。

再比如照明行業，需要在電燈裡放三個燈泡嗎？不一定。可以試試做個「三路燈泡」，即一個燈泡裡放兩根鎢絲，一根二十五瓦，一根五十瓦。按一下開關，只開二十五瓦；再按一下開關，只開五十瓦；再按一下開關，兩根全開，就是七十五瓦；再按一下開關，都關了。這就是全新的「三路燈泡」。

還有手機行業，能不能做兩個鏡頭呢？基於這個創意，現在市場上已經有了很多能自拍的手機。那麼三個鏡頭呢，前置一個，後置兩個？後置的兩個鏡頭能顯著提升手機的拍照能力，甚至能拍3D影片。要是做兩個螢幕呢？於是就有了用正面液晶螢幕刷微信，用背面電子墨水螢幕看書的新產品。

KEYPOINT

乘法策略

乘法策略的核心是：分解完組件後，複製其中一個組件。用乘法策略生產靈感的方法也有五步：第一步，列出產品的組成部分；第二步，選擇其中一樣進行複製；第三步，重新組合產品；第四步，明確產品的優勢和市場定位；第五步，解決可行性問題。

4 向《絕地救援》學創新方法——任務統籌策略

用任務統籌策略，給框架內的某樣元素分配一個新任務，很可能因此創造出一個有價值的新產品或新服務。

一家飯店的總裁出差，第二次入住某飯店，還沒出示證件，櫃檯就很熱情的打招呼：「很高興再次見到您！」這位總裁感覺非常好，也想在自己的飯店提供同樣的服務，於是諮詢專業人士。專業人士建議在飯店裡安裝人臉識別攝影機。這是個好主意！可是一詢價才知道，花費高達二百五十萬美元，實在太貴了。總裁不得不否定了這個建議。

還能怎麼辦呢？有沒有便宜的創新方法呢？有。我們可以試試系統創新思維的第四大方法——任務統籌策略。

有一次，我也入住了一家服務水平素來不錯的飯店。飯店櫃檯請求給我拍張照片，當時我雖然有些驚訝，但也不好意思拒絕。第二次再入住這家飯店時，門童熱情的拉開門，說：「劉先生，歡迎您回來。」我大吃一驚。入住後，我好奇的詢問工作人員。原來，這家飯店把「網上訂房——抵達飯店——櫃檯接待——入住房間——辦理退房——送離飯店」的六大流程，用任務統籌策略進行了重組，賦予「網上訂房」環節新任務——標記第二天入住的重要客人；賦予「抵達飯店」環節新任務——門童記住照片，認出客人並叫出名字；賦予「櫃檯接待」環節新任務——給重要客人拍照。

通過賦予「內部」元素新任務，這家飯店創造性的為客人營造出賓至如歸的體驗。我們能不能通過賦予「外部」元素新任務，也創造出同樣的體驗呢？

韓國有家飯店和計程車司機達成協議：在從機場到飯店的路上，司機會和乘客聊天，打聽乘客是否住過這家飯店。如果住過，乘客抵達飯店後，司機會把乘客的行李放在接待臺右邊；如果沒住過，則放在接待臺左邊。櫃檯工作人員會根據行李的位置，跟客人打招呼。計程車司機也因此掙到一美元。

這家韓國飯店也是運用任務統籌策略，把識別客人的新任務分配給了計程車司機這個外部元素，同樣實現了賓至如歸的創新體驗。

到底什麼是任務統籌策略？

任務統籌策略，就是給框架內的某樣元素分配一個新任務，並因此創造出一個新產品或新服務。任務統籌策略有三種用法：

第一，賦予內部元素新任務。

回到最開始的飯店案例，櫃檯入住拍照、網上訂房識別、抵達飯店歡迎，就是賦予三個內部元素新任務，從而創造出一個新服務：尊稱客人姓名，讓其感到賓至如歸。

電影《絕地救援》（*The Martian*）中，在火星和太空艙這個極其封閉的框架內，滿滿的全是賦予內部元素新任務的任務統籌策略。比如，賦予攝影機和字母板「資訊傳輸」的新任務；賦予火箭燃料「產生液態水，用來種馬鈴薯」的新任務；賦予帆布和膠帶「充當面罩，補救返回艙」的新任務。

第二，賦予外部元素新任務。

回到韓國飯店的案例，飯店請計程車司機識別多次住店的客人，並用行李位置提示接待人員，就是賦予計程車司機這個外部元素新任務，從而創造出「賓至如歸」這個新服務。

在前面「僱用客戶」一節中，講到過火鍋餐廳通過送水果盤，「僱用」顧客來監督上菜時間，其實就是賦予顧客這個外部元素新任務，從而創造出「限定時間，快速上菜」這個新服務。

還有個例子，在撒哈拉沙漠以南的非洲大陸地區，為了獲得乾淨的飲用水，當地人把「從地下抽水」的任務交給了水利系統的外部元素——玩耍的孩子們。聰明的當地人發明了一種「遊戲抽水泵」，利用孩子們轉動旋轉木馬時產生的力量，從井中抽水。孩子們玩得不亦樂乎，還很有成就感，抽水的任務也完成了。

賦予外部元素新任務，是任務統籌策略的一個極其重要的方法。

第三，讓內部元素發揮外部元素的功能。

某網路公司推出過「雲墓碑」服務，每位逝者都有自己獨特的人生，值得後人，尤其是親人緬懷。該服務允許用戶把逝者的人生經歷儲存到「雲端」（也就是網路）這個外部元素上，然後生成QR code，印在「墓碑」這個內部元素上。通過掃描QR code，就能緬懷逝者的一生。

KEYPOINT

任務統籌策略

任務統籌策略，就是給框架內的某樣元素分配一個新任務，並因此創造出一個新產品或新服務。任務統籌策略有三種用法：第一，賦予內部元素新任務；第二，賦予外部元素新任務；第三，讓內部元素發揮外部元素的功能。

5 給屬性裝上一根進度條——屬性依存策略

選取產品或服務兩個原本不相關的屬性，給屬性裝上一根進度條，讓一個隨著另一個的變化而變化，也能帶來不一樣的創新。

系統創新思維的核心邏輯，歸納起來其實包括這四個步驟：

第一，打破框架。完全砸碎原有產品的固有框架，把它拆解為一個個具體的組件、要素或者屬性。

第二，動個手術。對這些組件、要素或者屬性「動手術」，用減法策略刪除，用除法策略重組，用乘法策略複製，或者用任務統籌策略賦予新任務。

第三，形式為先。做完手術，給原有產品「整容」之後，就會出現煥然一新的產品。當然，這個新產品還很不成熟，可能大家連它有什麼用都沒想清楚。

第四，功能次之。仔細觀察這個新產品，倒過來想它的功能。在什麼特殊的場景下，能有什麼獨特的用處？如果想出來了，恭喜你，創新成功！

這就是**系統創新思維背後的方法：打破框架、動個手術、形式為先、功能次之**。方法與方法之間，差別只在於動的「手術」不同。

系統創新思維的第五大方法是「屬性依存策略」。與前面的減法策略、除法策略、乘法策略和任務統籌策略不同的是，它不是刪除，不是重組，不是複製，不是賦予新任務，而是要給屬性裝上一根進度條。

舉個例子，如何對「嬰兒用軟膏」進行創新？嬰兒用軟膏是一種塗抹在嬰兒皮膚上，用來緩解和治癒皮疹，並且防止復發的藥物。它由三個部分組成：油脂、保濕劑和治癒皮疹的活性成分。

我們試著給「油脂」裝上一根叫「氣味」的進度條；給「保濕劑」裝上一根叫「黏度」的進度條；再給「活性成分」裝上一根叫「活性成分含量」的進度條。

先來看看「氣味」這根進度條，可以根據哪個屬性來左右拖動呢？比如根據嬰兒的排便量。如果嬰兒未排便，則軟膏無味；一旦嬰兒排便，軟膏就會散發出芳香的氣味。排便量愈大，香氣愈濃郁。這根進度條有用嗎？當然有用，這樣家長就不用常常打開尿布來檢查嬰兒排便了沒有。

再來看看「黏度」這根進度條，可以根據哪個屬性來左右拖動呢？比如根據更換尿布的頻率。白天更換尿布會多一些，夜裡更換尿布少一些，那麼可以推出一款黏著度較強的油狀夜用軟膏，夜間保護肌膚不乾澀；再推出一款黏著度較弱的水狀日用軟膏，白天保護肌膚自由呼吸。

還有「活性成分含量」這根進度條，可以根據哪個屬性來左右拖動呢？比如根據嬰兒的飲食結構。新生兒先喝母乳，再改喝牛奶、代乳品或配方奶，然後開始吃嬰兒食品。每個階段，嬰兒排泄物的酸鹼度都不同，對皮膚的刺激也不同。這樣一來，可以開發活性成分含量不同的母乳期軟膏、配方奶期軟膏、固體食品期軟膏等，呼應嬰兒成長的不同階段。

這就是屬性依存策略。許多產品或服務都具備兩種以上的屬性，這些屬性看似毫不相關，可一旦發生關聯，就會引發創新的奇蹟，千變萬化，非常有趣。

還能怎麼利用這套策略創新呢？記住：給屬性裝上一根進度條，讓它與另一個屬性依存。

比如，我們給咖啡杯的顏色裝上一根進度條，讓它與溫度依存。在一些咖啡廳裡，有一種可變色的咖啡杯蓋，專門用於外賣咖啡。當咖啡很燙時，杯蓋的顏色是紅色，隨著溫度逐漸降低，杯蓋會慢慢恢復棕色。只要觀察杯蓋的顏色，就不會被燙著。

再比如，我們給比薩的價格裝上一根進度條，讓它也與溫度依存。澳洲的必勝客提出「永不再吃冷比薩」的口號，他們給外賣包裝盒裝上溫度標記，如果到手的比薩溫度低於承諾，顧客就可以不付錢或者少付錢。

KEYPOINT

屬性依存策略

屬性依存策略的核心，是給屬性裝上一根進度條。許多產品或服務都具備兩種以上的屬性，這些屬性看似毫不相關，可一旦發生關聯——讓一個屬性與另一個屬性依存，就會引發創新的奇蹟。

筆記時間

第十二章

領導能力

藏在「威脅、此刻、重要」後的大猩猩——**領導力：專**

你是小公司的胖子，還是大公司的瘦子——**領導力：小**

透過時間軸、機率軸和博奕軸看世界——**領導力：變**

天下武功，唯快不破——**領導力：快**

遠見，是盡可能接近未來的推理能力——**領導力：遠**

1　藏在「威脅、此刻、重要」後的大猩猩——領導力：專注

人腦會選擇性的注意「威脅、此刻、重要」的事。要善用這個機制，幫助自己專注於正確的事。

美國心理學家丹尼爾．西蒙斯（Daniel Simons）做過一個著名的實驗：在一段三十秒的影片裡，六個人不斷的走動、換位，同時傳兩顆籃球。受試者被要求觀察影片裡的人一共傳了多少次球（正確答案是十五次）。實驗的結果是：有的受試者答對了，有的答錯了。但這不是重點，重點是視頻中有一隻大猩猩！它大搖大擺的從螢幕右邊走到中央，對著鏡頭猛捶自己的胸部，然後從螢幕左邊走出。有的受試者重看視頻時，大吃一驚。實驗結果顯示，百分之五十的受試者完全沒注意到這隻從自己眼皮底下經過的龐然大物。為什麼會這樣？丹尼爾把這個現象叫作「選擇性注意」，也就是我們常說的「專注」。

什麼是專注？

專注，是一種通過放棄關注大部分的事，只選擇性的注意少部分的事，從而提高成功率的能力。它被很多人認為是領導力的重要組成部分。
世界上的資訊總量無限，而感官的範圍有限，大腦的容量有限，所以一般人不可能「感知」和「儲存」自己在整個時間軸上接觸到的全部空間。人的感官必須有選擇的感知，大腦也必須有選擇的儲存。

那麼，到底是什麼在負責選擇，選擇的標準又是什麼呢？

腦科學家和心理學家研究發現，負責這種選擇的，是大腦中的一套資訊篩選機制：網狀活化系統。這套系統會選擇性注意三類事情：威脅、此刻、重要。

威脅，就是有人在你眼前揮手，你會本能的眨眼睛；此刻，就是蘋果掉下來，你會瞬間看過去；重要，就是一看到美女，你會立刻變為紳士。「威脅、此刻、重要」，當這三類事情出現時，人的注意力會快速集中，變得非常專注，甚至對其他事情視而不見。

回到最開始的實驗案例。當受試者告訴自己「數清楚傳球次數」很重要時，就相當於把「數球」這件事加入「專注白名單」，大腦中的網狀活化系統會把注意力優先用於感知、儲存有助於數球的資訊，並因為感知廣度限制、儲存容量限制，讓受試者甚至不得不忽視掉一隻大猩猩。

正是這套網狀活化系統，在過去幾百萬年中，幫助人類把有限的注意力分配到正確的事情上。

應該怎麼做，才能更加專注於正確的事情，提升自己的領導力呢？很簡單，把事情放入這張叫作「威脅、此刻、重要」的「專注白名單」中。

第一，威脅。

過去，人類面臨各種生存威脅，一隻獅子過來，人會撒腿就跑。現在，就算沒有獅子，只要看到周圍的人突然跑起來，很多人也會不由自主的跟著跑，邊跑邊問：「嘿，發生了什麼事？」這就是「威脅」的力量。

比爾．蓋茲說：「我們離破產永遠只有十八個月。」聰明的企業家不會消滅最後一個競爭對手，而是希望借助威脅的力量，讓自己或者組織專注於一路狂奔。沒有傘的孩子，才會努力奔跑。

第二，此刻。

有的人可能有這種感覺：愈是臨近考試，學習效率愈高。不拖到最後一週，項目總是做不完。這就對了，人們總是對迫在眉睫的事情充滿焦慮，並投入最多的注意力。這就是「此刻」的力量。

怎麼利用這種焦慮，從而變得專注呢？使用「最後期限法」。給自己認為正確的事情設定一個最後期限，「做不到就完蛋了」，把它變成「此刻」的事情，激發專注。**最後期限，是第一生產力。**

第三，重要。

再回到實驗的案例，為什麼很多人居然沒看見那隻大猩猩？是因為當時「數清楚傳球次數」這件事，在他們心中已經重要到可以為之忽視一切。這並不奇怪，當一個人、一件事在某人心中變得無比重要時，他往往就會忘乎所以。這就是「重要」的力量。

怎麼利用這一點，從而變得專注呢？賦予事情重大的意義。比如，「要是這件事情做成了，我就向她求婚！」

KEYPOINT

領導力：專

人的大腦中有一套網狀活化系統，會選擇性注意「威脅、此刻、重要」這張「專注白名單」中的事情。善用這個機制，可以幫助我們專注於正確的事。第一，利用「威脅」，因為沒有傘的孩子才會努力奔跑；第二，利用「此刻」，讓最後期限成為第一生產力；第三，利用「重要」，賦予事情重大的意義。

2 你是小公司的胖子，還是大公司的瘦子——領導力：小

對資源的投入，決定了你要走的道路。企業要通過放棄對大部分事情的關注，集中對少部分事情的注意力。通過變小，獲得專注。

你會怎麼挑選洗髮精？用飛柔，使秀髮更柔順；或者試試海倫仙度斯，強效去屑；要不選擇純天然的可麗柔吧；還有，潘婷深層滋養也不錯；有更高要求？那就用專業沙龍級的沙宣吧！其實，最後不管選中哪個品牌，它們都是寶僑公司的產品。

這就是寶僑著名的「多品牌戰略」，如果去商學院學習行銷管理，這些幾乎是必學的內容。但是，二〇一四年，寶僑公司執行長雷富禮（A. G. Lafley）重掌大局十四個月後，正式宣布：在未來兩年內，寶僑將砍掉旗下九十至一百個品牌，接近半數。雷富禮說：寶僑將會變成一個精簡、不複雜、更易於管理經營的公司。

為什麼寶僑會下這麼大決心，從多變少、從大變小呢？

是什麼決定了企業的邊界？根據高斯定理，是交易成本與管理成本的對比。交易

成本愈低，愈應該外部化；管理成本愈低，愈應該內部化。行動上網使交易成本極大降低，企業的邊界正在不斷往內收縮，未來的企業會愈做愈小，而不是愈做愈大。

寶僑的變化，其實就是「通過變小，逼迫自己變得專注」。「小」和「專」，是一對孿生兄弟。我們通過放棄對大部分事情的關注，集中對少部分事情的注意力。通過變小，獲得專注。

具體應該怎麼做呢？

第一，創業公司要克制招人衝動。

二〇一三年，我從微軟離職創業時，趨勢科技亞太區前總裁劉家雍對我說過一句話：創業時，你千萬要克制自己招人的衝動和擴張的慾望。也許他自己都不知道，這句話對我產生了很大影響。

後來，我在《創新者的解答》（*The Innovator's Solution: Creating and Sustaining Successful Growth*）這本書裡，找到了這句話的理論依據：對資源的投入，決定了你要走的道路。創業者一直都走在策略試探的路上，克制大規模招人的衝動，減少一次性資源的投入，小步快跑，可以保證創業期的戰略靈活性和對核心能力的專注度。

確實人力不夠，怎麼辦？盡量通過合作來解決。比如，賣衣服的，要不要也辦個唯品會？寫書的，要不要也做個當當[9]？千萬不要。交易成本的降低，導致社會分工愈來愈細。試著**用交易的方式、合作的心態、分利的胸懷，替代部分管理的手段，來解決資源問題**。就像今天的潤米諮詢，只有三名員工，卻有幾百位外部合作者。

第二，成熟公司要縮小企業規模。

安捷倫技術公司（Agilent Technologies, NYSE:A）在實驗室行業做得非常成功，其二〇一三整年的淨收入高達六十八億美元。但你知道嗎？這家公司原來只是惠普這隻「大象」的一個部分，它被惠普「生下來」之後，努力把自己做小，專注於細分領域，反而獲得了巨大的成功。

在前面的「帕金森定律」一節中，我們講過，每個組織有天生的自我膨脹的動力。成熟期的企業應該常給組織「瘦身」，甚至把機構切小，讓更多人直接面對市場。在市場中，沒有公司那一套升職、加薪、辭退等「人造」的管理工具，只有一條：用生獎勵強者，用死懲罰弱者。市場從創業者中挑選企業家的方法，就是「翻生死牌」。所以，在高速變化的時代，依靠市場直接幫你挑選優秀的團隊吧，而不

9 唯品會、當當網：皆是中國購物網站。

是依靠自己的眼光。

第三，轉型公司要追求策略專注。

寶僑公司用兩年時間，砍掉了引以為豪的兩百多個品牌中的一半，獲得策略專注；賈伯斯曾經要求整個蘋果公司的產品，只允許放滿一桌子；奇異公司為了策略專注，把行業內排名除第一、第二之外的所有子公司全部砍掉；任正非說，華為不在非戰略機會點上浪費戰略資源。

用團隊的「小」，來對應策略的「專」。當然，世界上永遠都有大公司存在，但是，今天每家大公司的領導者都應該思考：如何成為大公司裡面最瘦的那個？

KEYPOINT

領導力：小

「小」是「專」的孿生兄弟。在高速變化的網路時代，愈來愈多的企業開始懂得，通過變小，獲得專注。具體怎麼做？第一，創業公司要克制招人衝動；第二，成熟公司要縮小企業規模；第三，轉型公司要追求戰略專注。

3 透過時間軸、機率軸和博奕軸看世界——領導力：變

人天生會追求確定性，習慣於把經驗當真理，把流程當聖經。但網路時代充滿不確定和複雜性，想修練領導力，先要有一顆變革之心。

一家公司的發展遇到瓶頸，高層決定啟動一個充滿挑戰的創新項目，並任命A來主導。大家都對A充滿期待，A自己一邊感到壓力巨大，一邊也充滿了動力。有一天，公司的財務長（CFO）找到A，請A盡快填報新項目明年的預算。A一聽就為難了：「都說是創新項目了，明年會怎麼幹還不知道呢！你看這樣行不行，明年的錢，花多少、怎麼花，等到明年再說？」財務長一拍桌子：「開什麼玩笑？我們所有分公司、子公司、事業部都要填報年度預算。沒有預算，我怎麼知道該給你留多少錢、花錢是不是合理合規？我現在必須知道，明年的每一分錢你準備怎麼花。」

在這件事情上，是A錯了，還是財務長錯了？

在「企業生命週期」一節中，我們講過企業的發展分為三個階段：創業期、成

熟期和轉型期。案例中財務長和A的對話，其實就是成熟期和轉型期的對話。

創業期階段，估計很多人都不懂什麼叫「預算」。把自己的車賣了二十萬元，一咬牙一跺腳，就出來創業了。到年底時，發現居然還有五萬元沒花完。這個時候，你會把錢花完嗎？當然不會。

但是在成熟期，年底集中花錢就成了現實。很多大公司的業務部門到年底都會這麼做，就算沒有必要，也要想方設法花錢。這不是浪費嗎？這是因為在預算制度下，明年的預計花費是在今年實際花費的基礎上，增減百分比算出來的。假如今年的錢沒花完，即今年的實際花費少了，在此基礎上，明年的預算也會減少。

為什麼會這樣？成熟期的大公司，其董事會、股東大會都希望看到安全、穩定、可預期的業績。所以，管理層通常會採用預算制，管理預計花費，甚至預計收入，以準確的規劃全年的收入和利潤。優秀的公司，預算甚至可以精確到季度、月和週。預算制的本質，是獲得「確定性」。

轉型期的公司，和創業公司一樣，面對的同樣是充滿VUCA（volatility，易變性；uncertainty，不確定性；complexity，複雜性；ambiguity，模糊性）的商業世界。案例中的財務長為什麼會用獲得「確定性」的預算制，來管理充滿「不確定性」的型期，讓項目主導人去規劃他根本不知道該怎麼花的錢呢？其實也不能怪財務長，因為人的天性是追求確定性，習慣於把經驗當真理，把流程當聖經。變革之心，對大部分人來說，不是天賦，而是一種後天修練。

怎樣才能修練出一顆變革之心？試著用以下三根軸，看清這個立體而萬變的世界。

第一，時間軸。

在最開始的案例中，財務長和A完全不在同一個溝通頻道上。這是因為他們習慣用靜態的「對錯」來看待動態的「利弊」，而缺乏「時間軸」的視角。

給管理加上一根「創業期、成熟期和轉型期」的時間軸吧。這樣，你就能理解，KPI不錯，只是不適合創業期；粗放管理不錯，只是不適合成熟期；預算管理也不錯，只是不適合轉型期。**沒有絕對正確的管理方法，只有適合某個時期的管理方法。**

第二，機率軸。

做平台就能賺錢嗎？百度、阿里巴巴、騰訊確實賺錢了，但同時也有成千上萬類似的平台垮掉了。「一將功成萬骨枯」，只是死者無法開口說話。假如能開口，他們估計會說：我並沒有做錯什麼，但是不知道為什麼，就是輸了。其實，就算讓百度、阿里巴巴、騰訊重來一遍，也未必能百分之百成功。

試著給商業加上一根機率軸。理解有些成功，是大機率事件；有些成功，是小機率事件。這樣，就不會迷信成功學，從而意識到外部環境、時機、風險的複雜性，以及內部速度、堅持或放棄的重要性。

第三，博奕軸。

一個人的決定是否正確，完全取決於他的判斷力嗎？其實不。比如玩石頭剪刀布的遊戲，一個人能否勝出，幾乎完全取決於別人出了什麼。再比如兩個囚徒，一個招不招供，還取決於另一個招了沒有。

試著給個人決定加上一根博奕軸。面對模糊性，看一步，走一步，才能修練自己的「變革之心」。

KEYPOINT

領導力：變

網路時代充滿了易變性、不確定性、複雜性和模糊性。如果沒有變革之心，很可能會被快速的變化撕碎。怎樣才能修練變革之心？試試看，給管理加上時間軸，給商業加上機率軸，給個人決定加上博奕軸。

4 天下武功，唯快不破——領導力：快

用內部的「快」響應外部的「變」，才能抓住時代機遇。覺得值得幹，就立刻啟動「計劃、執行、檢查、糾正」四步法，快速行動。

有一次，我和某企業的高階主管團隊開會，討論一項新的商業計畫。當我們順便談起另一家公司的某個好做法時，這家企業的執行長突然問大家：「我們怎麼才能把這個想法變成自己的能力？」接著，幾位部門負責人條理清晰的說出了把這個想法落地的一、二、三點。執行長說：「好，就這麼做。」五分鐘之後，我們回到了最開始的議題上，繼續討論。

我雖然跟很多企業打過交道，也算是「閱人無數」，但當時還是被震驚了。在大多數情況下，人們聽到一個優秀做法時，會深深的點頭贊同，或者記在筆記本上，然後說：「這個做法值得借鑑，我們找時間研究一下。」但結果往往就沒有下文了。而這位執行長一有了好想法，快速將其轉化為行動，訓練有素，確實讓人欽佩。

網路時代，領導力的第四個要素是「快」。

舉個例子，早期的小米手機操作系統 MIUI 有這麼一個功能：當用戶輸入手機號碼加值電話費時，MIUI 會自動配對手機通訊錄，找到並顯示這個號碼對應的姓名。我特別喜歡這個功能，再也不用擔心加錯電話費了。

這個功能是誰想出來的呢？是用戶。小米的工程師每週都會從論壇裡發現大量的用戶需求，然後有選擇的增加到 MIUI 裡，並在週五晚上把新版操作系統推送給用戶。到了週二晚上，MIUI 會對用戶進行調查：你最喜歡哪個新功能？如果很多用戶都喜歡這個加值功能，開發該功能的工程師就能得到「爆米花」獎——一桶真正的爆米花。我去小米參觀時，看到整面牆上貼的都是員工捧著爆米花的照片。就這樣，週五推送，週二調查，再發獎，再推送……循環往復。這個苦活累活，小米已經幹了整整七年。

思科公司（CISCO）的執行長錢伯斯（John Thomas Chambers）有一句名言：快魚吃慢魚。他說，在網路經濟下，大公司不一定能打敗小公司，但是快公司一定會打敗慢公司。網路與工業革命的不同點之一，就是你不必占有大量資金，哪裡有機會，資本很快就會在哪裡重新組合。速度會轉換為市場份額、利潤率和經驗。

前面講過的「最小可用品」，其實就是「快魚」策略。但是，最小可用品不是「快魚」的唯一策略。回到最開始的案例，那位將想法立即落地的執行長就是「快魚」。以快應變，天下武功，唯快不破。

應該怎樣培養「快魚」式的領導力呢？

第一，不要放棄思考。

有人說，愈是變化快，反而愈需要慢，因為只有慢下來，才能深入思考。這句話很有道理，這也是為什麼雷軍說「**不要用戰術的勤奮，掩蓋戰略的懶惰**」。當我們講「快魚」策略時，不要因為行動的快而放棄了思考的慢。

具體怎麼做呢？

比爾．蓋茲管理微軟時，有一個很著名的習慣，叫作「思考週」：每年有兩次，每次一週，他會把自己從管理中解套出來，面對團隊準備的大量素材，靜靜的思考一週。微軟很多重大的創新，都來自思考週。

對於普通人來說，如果沒有思考週，也可以試試「思考日」。比如我自己，每個月不管多忙，都會找一天不工作，在牆上貼滿白板貼，然後靜靜的思考，讓這一個月的思緒得以匯聚、連接。思考時靜若處子，行動時動若脫兔，面對變化，才能比別人醒得早。

第二，當下就要行動。

試著戒掉下面幾句話：「有空，我再想想。」、「以後，我們聊聊。」、「下次，商量商量。」這些話指向的不是行動，而是擱置。

應該怎麼做？

在公司培養「戴明循環」的管理文化和流程。戴明循環，簡稱PDCA，也就是計劃（plan）、執行（do）、檢查（check）、糾正（adjust）四步法。覺得值得幹，就立刻啟動一個戴明循環，讓執行機制推動快速行動，才能比別人跑得快。

第三，練好煞車和轉彎。

很多人不敢加速，是因為不知道怎麼減速；不敢踩油門，是因為不懂得踩煞車和轉彎。企業也是一樣，快和停加在一起，是一對完整的能力。

「滴滴」剛開始是叫計程車的軟體，後來加了專車，又加了快車，甚至加了公共汽車；「e袋洗」剛開始是九十九元洗一袋子衣物，後來利用「小區大媽收衣物」的模式，拓展出更多可能；「迅雷」剛開始是下載軟體，後來變成了視頻網站；有的視頻網站則從「每個人都是導演」開始，後來紛紛變成以版權內容為主等等。

能快，能停，能轉，就叫作「敏捷」。

KEYPOINT

領導力：快

在充滿高度易變性、不確定性、複雜性和模糊性的變革時代，唯有用內部的「快」，響應外部的「變」，才能抓住時代機遇。訓練「以快應變」的領導力，需要注意三點：第一，不要放棄思考；第二，當下就要行動；第三，練好煞車和轉彎。

5 遠見，是盡可能接近未來的推理能力——領導力：遠

社會變化愈來愈快，經驗不再來自過去，而是來自正在發生的未來。要向年輕人學習，要勇於嘗試新事物，讓未來撲面而來。

一九八九年，索尼公司的創始人之一盛田昭夫斥資四十八億美元，對美國哥倫比亞電影公司及關聯公司進行收購。當時，哥倫比亞電影公司的股價為十二美元，索尼出價二十七美元。這被認為是荒唐透頂的決定。

進入二十一世紀後，人們開始發現，這項荒唐透頂的收購居然開始展現出愈來愈大的商業價值，好萊塢的知識產權對索尼的發展體現出巨大的策略意義。盛田昭夫用獨到的眼光，為索尼未來的發展構建了以家庭娛樂為中心的基礎商業體系。

這就是令人驚嘆的「遠見」。

大家還記得二〇〇七年蘋果發布第一代iPhone時，業界是怎麼評價的嗎？著名的《彭博新聞社》（*Bloomberg News*）說：「iPhone的影響力微乎其微，將只對

小部分消費者具有吸引力。諾基亞和摩托羅拉完全不必擔心。」同樣著名的《*PC Magazine*》說：「iPhone缺陷很多，也許一開始的銷量會很不錯，但隨後就將出現下滑。」更著名的《商業週刊》（*Bloomberg Businessbook*）說：「iPhone不會對黑莓機構成威脅。」

今天我們聽起來，一定會覺得這些評論缺乏遠見。但是，假如把你放在二〇〇七年《商業週刊》總編的位置上，你確定自己不會那麼說嗎？反過來，你今天對很多問題的看法，放在十年後會不會顯得可笑呢？

遠見，是一種盡可能接近未來的推理能力。它的基礎是：洞察力、判斷力和學習力。我們誰也不敢說自己擁有遠見，但可以訓練這三種能力。

第一，洞察力。

洞察力是遠見的基礎。有人之所以有勇氣預測未來，是因為他相信，有些不變的底層邏輯在推動著變化。對方法論之下的底層邏輯的理解，就是洞察力。

舉個例子，一家餐廳經過了十年、二十年也沒有太大變化，餐廳老闆和同行的切磋不過就是一些方法論層面的東西：選址在哪兒、菜單如何設計等。但是，「餓了麼」出現了，餐廳老闆很快發現，原來餐廳是「前面的桌子＋後面的廚房」的組合，「餓了麼」就是把「前面的桌子」取代了。過了一段時間，又出現了「愛大廚」，餐廳老闆清楚的感受到，廚房這部分其實就是「廚師＋設備」的組合，誰能抓住廚師這個核心要素，誰就有可能分到餐飲行業的一杯羹。這就是不斷通過去除方法論中的假設，洞察底層邏輯。

第二，判斷力。

洞察了底層邏輯之後，就要判斷環境的變化，用「底層邏輯＋新假設」，得到遠見。

作為戰略顧問，我每天和不少企業家打交道。直到今天，我還會遇到一些資深企業家，他們會自豪的說：「我不用微信。微信就讓小朋友們用吧，我把握大方向就好了。」一聽到這樣的話，我很是感慨：微信就好比新世界的連接器，連這個都不用，就快與世界脫節了，還怎麼把握大方向呢？

訓練判斷力，一定要對新事物充滿好奇，勇於嘗試，讓未來在你眼前撲面而來。具體來說，就是要關注各種新科技、新行業、新需求。還記得前面講過的「技術採用生命週期」嗎？盡量做一個「早期採用者」，至少做一個「早期大眾」。

第三，學習力。

在第四章「學習能力」中，我們講了各種學習的方法。為了獲得遠見，我們應該用這些方法向誰學習呢？尤其應該向年輕人學習。

過去，因為經驗積累的速度快於時代變化的速度，所以愈老愈有經驗，年輕人必須向老年人學習，美國人類學家瑪格麗特・米德（Margaret Mead）把這叫作「長輩楷模文化」。但是，隨著變化速度愈來愈快，經驗已經來不及積累，我們的經驗不再來自過去，而是來自正在發生的未來。

怎麼辦呢？瑪格麗特・米德說：我們所有人都要向年輕人學習。為什麼？不是因為他們更理解未來，而是因為就是他們構成了這個未來。老年人開始反過來向年輕人學習，她把這種反向的學習文化稱為「晚輩楷模文化」。

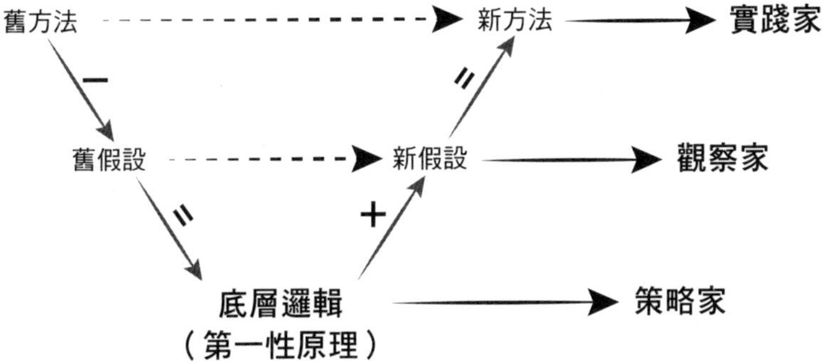

KEYPOINT

領導力：遠

網路時代，領導力的五個要素是：專、小、變、快、遠。專和小，是空間維度的概念，因為專，所以小；變和快，是時間維度的概念，因為變，所以快。遠，就是站在未來看今天。我們誰也不敢說自己能預測未來，但是至少可以訓練預測未來的幾項基礎能力：洞察力、判斷力和學習力。

筆記時間

好想法 20

5分鐘商學院 個人篇

人人都是自己的CEO

原著書名：5分钟商学院・个人篇——人人都是自己的CEO
作　　者：劉潤
責任編輯：魏莞庭
校　　對：魏莞庭、林佳慧
視覺設計：兒日
內頁排版：洪偉傑
寶鼎行銷顧問：劉邦寧

發 行 人：洪祺祥
副總經理：洪偉傑
副總編輯：林佳慧
法律顧問：建大法律事務所
財務顧問：高威會計師事務所
出　　版：日月文化出版股份有限公司
製　　作：寶鼎出版
地　　址：台北市信義路三段151號8樓
電　　話：（02）2708-5509　傳真：（02）2708-6157
客服信箱：service@heliopolis.com.tw
網　　址：www.heliopolis.com.tw
郵撥帳號：19716071 日月文化出版股份有限公司

總 經 銷：聯合發行股份有限公司
電　　話：（02）2917-8022　傳真：（02）2915-7212
製版印刷：中原造像股份有限公司
初　　版：2018年12月
初版 6 刷：2023年5月
定　　價：360元

國家圖書館出版品預行編目(CIP)資料

5分鐘商學院．個人篇：人人都是自己的CEO／劉潤著.-- 初版.--
臺北市：日月文化，2018.12
360面 ；14.7 X 21公分.--（好想法；20）

ISBN 978-986-248-775-4（平裝）

1.商業管理 2.理財

494　　107019579

日月文化集團
HELIOPOLIS
CULTURE GROUP

客服專線 02-2708-5509
客服傳真 02-2708-6157
客服信箱 service@heliopolis.com.tw

廣告回函
台灣北區郵政管理局登記證
北台字第 000370 號
免貼郵票

日月文化集團 讀者服務部 收

10658 台北市信義路三段151號8樓

對折黏貼後，即可直接郵寄

日月文化網址：**www.heliopolis.com.tw**

最新消息、活動，請參考 FB 粉絲團

大量訂購，另有折扣優惠，請洽客服中心（詳見本頁上方所示連絡方式）。

日月文化　寶鼎出版　山岳文化

EZ TALK　EZ Japan　EZ Korea

大好書屋・山岳文化・洪圖出版・寶鼎出版　EZ叢書館　EZKorea　EZTALK　EZJapan

日月文化集團
HELIOPOLIS
CULTURE GROUP

感謝您購買 5分鐘商學院 個人篇：人人都是自己的CEO

為提供完整服務與快速資訊，請詳細填寫以下資料，傳真至02-2708-6157或免貼郵票寄回，我們將不定期提供您最新資訊及最新優惠。

1. 姓名：＿＿＿＿＿＿＿＿　性別：□男　□女
2. 生日：＿＿年＿＿月＿＿日　職業：
3. 電話：（請務必填寫一種聯絡方式）
   （日）＿＿＿＿＿＿（夜）＿＿＿＿＿＿（手機）＿＿＿＿＿＿
4. 地址：□□□＿＿＿＿＿＿＿＿
5. 電子信箱：＿＿＿＿＿＿＿＿
6. 您從何處購買此書？□＿＿＿＿縣/市＿＿＿＿書店/量販超商
   □＿＿＿＿網路書店　□書展　□郵購　□其他
7. 您何時購買此書？　年　月　日
8. 您購買此書的原因：（可複選）
   □對書的主題有興趣　□作者　□出版社　□工作所需　□生活所需
   □資訊豐富　□價格合理（若不合理，您覺得合理價格應為＿＿＿＿）
   □封面/版面編排　□其他＿＿＿＿＿＿
9. 您從何處得知這本書的消息：□書店　□網路／電子報　□量販超商　□報紙
   □雜誌　□廣播　□電視　□他人推薦　□其他
10. 您對本書的評價：（1.非常滿意 2.滿意 3.普通 4.不滿意 5.非常不滿意）
    書名＿＿＿ 內容＿＿＿ 封面設計＿＿＿ 版面編排＿＿＿ 文/譯筆＿＿＿
11. 您通常以何種方式購書？□書店　□網路　□傳真訂購　□郵政劃撥　□其他
12. 您最喜歡在何處買書？
    □＿＿＿＿縣/市＿＿＿＿書店/量販超商　□網路書店
13. 您希望我們未來出版何種主題的書？＿＿＿＿＿＿
14. 您認為本書還須改進的地方？提供我們的建議？

好 想 法

寶鼎出版

好想法

寶鼎出版